1. 苹果轮纹病（枝干粗皮症状）
2. 葡萄霜霉病后期病斑
3. 苹果炭疽病
4. 葡萄病毒病

1. 葡萄霜霉病（叶片正面）
2. 葡萄霜霉病（叶片背面）
3. 枣缩果病
4. 枣炭疽病

1. 香蕉黑星病
2. 柑橘溃疡病
3. 香蕉黑斑病
4. 核桃黑斑病

1. 铜绿丽金龟成虫
2. 铜绿丽金龟子危害状
3. 苹果全爪螨（红蜘蛛）越冬卵
4. 葡萄绿盲蝽危害状

1. 山楂叶螨危害状（初期）
2. 山楂叶螨危害状（后期）
3. 山楂叶螨成虫（40x 雌雄虫）
4. 梨小食心虫危害桃梢状

1. 枣龟蜡蚧
2. 枣黏虫老熟幼虫
3. 樱桃果蝇
4. 桃蚜

1. 柿绵蚧
2. 柿蒂虫危害状
3. 核桃举肢蛾成虫
4. 栗瘤蜂危害状

1. 荔枝瘿螨危害状
2. 黑光灯诱杀金龟子
3. 蒂蛀虫
4. 板栗象甲

果树
病虫害安全防治

GUOSHU BINGCHONGHAI ANQUAN FANGZHI

孙瑞红　张　勇　王会芳　编著

中国科学技术出版社
·北　京·

图书在版编目（CIP）数据

果树病虫害安全防治 / 孙瑞红，张勇，王会芳编著 . —北京：
中国科学技术出版社，2018.1

ISBN 978-7-5046-7814-0

Ⅰ.①果… Ⅱ.①孙… ②张… ③王… Ⅲ.①果树—病虫害防治
Ⅳ.① S436.6

中国版本图书馆 CIP 数据核字（2017）第 278555 号

策划编辑	刘　聪　王绍昱	
责任编辑	刘　聪　王绍昱	
装帧设计	中文天地	
责任校对	焦　宁	
责任印制	徐　飞	

出　　版	中国科学技术出版社	
发　　行	中国科学技术出版社发行部	
地　　址	北京市海淀区中关村南大街16号	
邮　　编	100081	
发行电话	010-62173865	
传　　真	010-62173081	
网　　址	http://www.cspbooks.com.cn	

开　　本	889mm×1194mm　1/32	
字　　数	158千字	
印　　张	6.875	
彩　　页	8	
版　　次	2018年1月第1版	
印　　次	2018年1月第1次印刷	
印　　刷	北京威远印刷有限公司	
书　　号	ISBN 978-7-5046-7814-0 / S・689	
定　　价	30.00元	

Contents 目 录

第一章
果树病虫害概述

一、果树病害分类

果树在生长发育及果品贮藏运输过程中，由于遭受生物或非生物因子的影响，发生一系列形态、生理和生化上的病理变化，妨碍其正常生长、发育，导致产量变低、品质变劣，甚至死亡的现象，称为果树病害。果树病害的病状主要分为变色、坏死、腐烂、萎蔫、畸形5大类。

（一）非侵染性病害

由非生物因子引起的病害称为非侵染性病害，也叫生理性病害，如日灼病、冻害、缺素症等。

（二）侵染性病害

由病菌、病毒等生物因子引起的病害称为侵染性病害，如炭疽病、白粉病、病毒病、线虫病等。侵染性病害按照病原物分类，分为真菌性病害、细菌性病害、病毒性病害、线虫病害等。

1. 真菌性病害 由致病真菌引起的病害叫真菌性病害，约占桃树病害的80%。真菌病害种类繁多，发病症状各异，但所有病斑在潮湿条件下都能生长菌丝和孢子，如产生白粉层、黑粉层、霜霉层、锈孢子堆、菌核等。果树腐烂病、炭疽病、褐腐病、白粉病、软腐病、灰霉病、缩叶病等均属于真菌性病害。

　　真菌是具有细胞核和细胞壁的异养生物，除少数低等类型为单细胞外，大多是由纤细管状菌丝构成的菌丝体，菌丝体从植物的活体及断枝、落叶中吸收和分解有机物，作为自己的营养来源进行繁殖和生长，导致植物发病。

　　真菌性病害比较容易防治，因为绝大多数化学杀菌剂都能杀真菌，我们常用的杀菌剂多数都能防治该类病害。但是，不同杀菌剂对不同真菌性病害的防治效果有差异，需要慎重选用。

　　2. 细菌性病害　由致病细菌引起的病害称为细菌性病害，是植物病害中比较少见的一种。细菌是一类短杆状、结构简单的单细胞生物，通过植物的气孔、伤口等处侵入，发病后的植株一般表现为坏死、腐烂、萎蔫、肿胀畸形。病斑呈多角形或圆形，病斑表面光滑，周围有黄色晕环，如桃细菌性穿孔病、根癌病等。

　　目前，能杀细菌的药剂很少，一般用石硫合剂、铜制剂、抗生素类（硫酸链霉素、中生菌素）防治细菌性病。

　　3. 病毒性病害　由植物病毒引起的病害称为病毒性病害，发生种类和程度仅次于真菌性病害。一般病毒不能穿透植物健康的细胞壁，需要借助昆虫刺吸或植物伤口才能侵入细胞内。病毒性病害绝大多数表现为黄化、萎缩、小叶、小果、矮化、丛枝、蕨叶类畸形等症状，如苹果花叶病、锈果病、樱桃病毒病。

　　绝大多数植物病毒是由核酸构成的核心与蛋白质构成的外壳组成的微小生物，人类的肉眼看不见病毒，需要借助高倍电子显微镜方能看见其形态。

　　果树病毒病更难防治，防治药剂极少。主要采用栽植无病毒苗木、增强树势抗病、防治传播病毒的昆虫（蚜虫、叶蝉、木虱）来防治病毒病。

　　4. 线虫病害　由植物寄生线虫侵袭和寄生引起的果树病害。受害果树可因侵入线虫吸收体内营养而影响正常的生长发育，线虫代谢过程中的分泌物还会刺激寄主植物的细胞和组织，导致植株畸形，使果树减产和质量下降。果树线虫病主要由根系侵染和危害根系，妨碍养分和水分吸收，影响树体生长、开花和结果，甚至导致树体衰弱死亡，如石榴、葡萄的根结线虫病。同时，还传播根系病害和病毒，进一步危害果树。由于线虫在根系和土壤内生活，因此很难防治。

5. 生理性病害　生理性病害是由于栽培管理措施不当、异常气候而给植物造成影响的病害。例如，缺氮引起的植物叶色浅绿，底部叶片逐渐黄枯；缺钾引起的老叶褐绿，沿叶缘有许多褐色小斑；缺铁引起的黄叶；缺锌引起的小叶病；冻害、日灼等。生理性病害一般可通过合理施肥、修剪、补充缺少的营养元素、树体防护进行防治。

二、果树虫害分类

昆虫和螨类与植物关系密切，在栽培植物中没有一种不受昆虫危害。人们通常把危害各种植物的昆虫和螨类等称为害虫和害螨，把由它们引起的各种植物伤害称为虫（螨）害。根据害虫危害果树部位和方式的不同，把果树害虫分为地下害虫、蛀干害虫、蛀果害虫（食心虫、实蜂、果蝇）、潜叶害虫、卷叶害虫等。根据害虫的口器和取食方式，又把害虫分为刺吸式害虫和咀嚼式害虫。

（一）刺吸式害虫

刺吸式害虫是指那些拥有细长针状刺吸式口器的害虫，如蚜虫、木虱、介壳虫、蝉、蜡、螨等。这类害虫通过刺吸来取食植物汁液和传播植物病毒，取食后植物表面无显著破损现象，但在受害部位常出现各种颜色的斑点或畸形，引起叶片皱缩、卷曲、破烂等。我们常见的蚊子口器就是刺吸式口器。

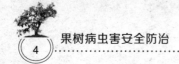

（二）咀嚼式害虫

咀嚼式害虫是指拥有咀嚼式口器的一类害虫，具有上、下唇和坚硬的上、下颚（牙齿）。这类害虫取食固体食物，危害植物的根、茎、叶、花、果实和种子，造成缺刻、孔洞、折断、钻蛀茎干、切断根部等。例如，果树上的毛虫、卷叶蛾、刺蛾、食心虫的幼虫，金龟甲类、天牛类的成虫和幼虫。

三、影响病虫发生的因素

病虫的生长发育和繁衍必须在适宜的食物和生活环境条件下才能完成，因此影响病虫发生的三大因素为病虫、寄主、环境条件。

（一）病虫来源

果树病虫害的流行必须有大量的侵染力强的病原物或害虫存在，并能通过一定途径很快传播到果树上，只有病原物或害虫的数量大才能造成广泛的侵染，病原物或害虫越冬的数量是翌年进行初侵染的基础。

（二）寄主（果树）

在果园，病虫的适宜食物就是果树的各个部位，不同病虫危害果树的不同部位，因此被称为叶部病（虫）、果实病（虫）、枝干病（虫）、根系病（虫）。同一果树不同品种，对病虫的抗性不同，如红星苹果易感染斑点落叶病、嘎啦苹果易感白粉病和炭疽叶枯病，金帅苹果易长果锈，油桃的疮痂病比毛桃重，绿盲蝽对冬枣的危害重于圆铃大枣等。

所以，大面积（单一）连片种植感病（虫）品种是病虫害流行的先决条件。

（三）环境条件

对植物病害、虫害影响较大的环境条件主要包括以下3类。

1. 气候和土壤环境 包括温度、湿度、光照和土壤结构、含水量、通气性等。高温、高湿有利于多种果树病害的发生，如轮纹病、炭疽病、褐腐病等；但是，冷凉潮湿有利于灰霉病发生，冷凉干燥有利于白粉病发生；高温干燥有利于苹果红蜘蛛的发生。多数病菌惧怕太阳光和紫外线，所以果园通风透光不利于病害发生。土壤盐碱和板结不利果树吸收铁元素，易导致缺铁性黄叶病发生。肥沃的沙壤土有利于果树生长，也有利于地下害虫蛴螬的发生。

2. 生物环境 包括昆虫、线虫、微生物、中间寄主等。果园里有很多节肢动物和微生物，但有好坏之分。其中危害果树的昆虫和微生物被称为有害生物，也就是我们常说的病虫害。而那些以有害生物为食物的昆虫和微生物被称为有益生物，也叫天敌生物、昆虫天敌、生防菌。另外，还有一些传播病毒、细菌、线虫病害的昆虫和线虫，称为传毒昆虫（线虫）、传媒昆虫（线虫）。还有一些帮助果树传粉的蜜蜂、壁蜂等。

果园周围和园内种植的其他植物也影响病虫的发生。例如，苹果、梨园周围种植柏树，锈病菌在柏树上越冬，成为中间寄主，有利于锈病危害苹果、梨树；果园内及附近种植棉花、苜蓿，有利于绿盲蝽发生；果园附近栽植臭椿有利于斑衣蜡蝉的发生。

3. 管理措施 包括耕作制度、种植密度、施肥、田间管理等。果树不能重茬栽植，易发生根癌病、根腐病、缺素症等。果树种植过密或修剪不合理，均不利于通风透光，使温、湿度提高，引起多种病害严重发生。多施氮肥，果树的抗病虫能力降低；多施富有全营养的有机肥，可以增强树体抗病性，治疗缺素症。田间精细管理，可以及时发现病虫，及早防治于发生初期，控制病虫暴发与流行。

四、果树病虫害的防治方法

我国的植保方针是"预防为主、综合防治"。其含义是从生态系统的整体观点出发，本着预防为主的指导思想和安全、有效、经济、简便的原则，因地、因时制宜，合理运用农业、生物、物理、化学的方法，以及其他有效的生态手段，把病虫控制在不足危害的水平以下。主要防治方法有如下 5 种。

（一）植物检疫

植物检疫就是国家以法律手段，制定出一整套的法令规定，由专门机构（检疫局、检疫站、海关等）执行，对应接受检疫的植物和植物产品进行严格检查，控制有害生物传入或带出以及在国内传播，是用来防止有害生物传播蔓延的一项根本性措施，又称为"法规防治"。作为果树种植者来说，不要从检疫性病虫发生区购买和调运苗木、接穗、果品，以防将这些危险性病虫带入，导致其在新的种植区发生危害，给果树生产带来新困难，同时也影响果品和苗木向外销售。国家各检疫部门和有关检疫的网站上都有检疫性病虫名录和疫区分布，需要时可上网查询，或到附近的检疫机构询问。

（二）农业防治

农业防治是在有利于农业生产的前提下，通过改变栽培制度、选用抗（耐）病虫品种、加强栽培管理以及改造生长环境等来抑制或减轻病虫的发生。在果树上常结合栽培管理，通过轮作、清洁果园、施肥、翻土、修剪、疏花疏果等来消灭病虫害，或根据病虫发生规律进行人工捕杀、摘除病虫叶（果）来消灭病虫。在果树生产中农业防治方法用的很多，几乎每种病虫的防治都能用到，如选择栽植抗病品种，冬季清园，剪除病虫枝，刮除老翘皮，集中烧毁或深埋，以降低病菌和害虫来源；生长季节地面覆盖毛毡、黑地膜用于防治杂草和土壤害虫出土；人工捕杀天牛、茶翅蝽、金龟子、舟形毛虫等；合理肥水增强树体抵抗能力；合理修剪改善树体通风透光，降低相对湿度，抑制病虫害发生。

农业防治可以把病虫消灭在造成危害之前，同时结合果树栽培技术，不用增加防治病虫的劳力和成本；而且，农业防治不伤害天敌，不污染环境，无农药残留，符合安全优质果品生产要求。但是，农业防治不能对一些病虫完全彻底控制，还需要配合其他防治措施。

（三）物理防治

物理防治是利用简单工具和各种物理因素，如器械、装置、光、热、电、温度、湿度、放射能、声波、颜色、味道等防治病虫害的方法。在果园常用果实套袋隔离病虫害，架设防虫网、防鸟网灭杀，设置黑光灯诱杀，黏虫色板诱杀，树干上涂抹黏虫胶阻隔草履蚧和山楂叶螨上树；利用声音干扰昆虫和驱赶鸟等；利用高热处理土壤灭杀其中生活的害虫、病菌、线虫、杂草等。

（四）生物防治

生物防治是指利用自然天敌生物防治病虫，如以虫治虫、以菌治虫、以鸟治虫、以螨治螨等。或者，利用昆虫激素或性诱剂诱杀雄成虫，干扰害虫交配繁育后代。目前，由于人工繁殖天敌有限，生物防治应以保护自然天敌为主，同时适量释放补充饲（培）养的天敌来控制病虫。果园常见天敌昆虫有异色瓢虫、黑缘红瓢虫、红点唇瓢虫、小黑瓢虫、草蛉、食蚜蝇、螳螂、蚜茧蜂、赤眼蜂、绒茧蜂、跳小蜂、姬蜂、塔六点蓟马、小花蝽、蠋蝽、蜘蛛、捕食螨等。

（五）化学防治

化学防治又称药剂防治，是利用化学药剂的毒性来防治病虫害。目前，化学防治仍是控制果树病虫的常用方法，也是综合防治中的一项措施，具有快速、高效、方便、限制因素小、便于大面积使用等优点。但是，如果化学农药使用不当，便会引起人畜中毒、污染环境、杀伤有益生物、造成药害、农药残留等；长期单一使用某种化学药剂，还会导致目标病虫产生抗药性，增加防治困难。所以，在防治病虫时，应选用高效、低毒、安全的化学农药，适时、适量、适法使用，并及时轮换、交替或合理混合使用。

第二章
果园农药与防治用品

一、国家禁用、停用农药

2002 年，中华人民共和国农业部公告第 199 号 "国家明令禁止使用的农药" 为六六六，滴滴涕（DDT），毒杀芬，二溴氯丙烷，杀虫脒，二溴乙烷（EDB），除草醚，艾氏剂，狄氏剂，汞制剂，砷、铅类，敌枯双，氟乙酰胺，甘氟，毒鼠强，氟乙酸钠，毒鼠硅。

甲胺磷、甲基对硫磷、对硫磷、久效磷、磷胺、甲拌磷、甲基异柳磷、特丁硫磷、甲基硫环磷、治螟磷、内吸磷、克百威、涕灭威、灭线磷、硫环磷、蝇毒磷、地虫硫磷、氯唑磷、苯线磷 19 种高毒农药不得用于蔬菜、果树、茶叶、中草药材上。三氯杀螨醇、氰戊菊酯不得用于茶树上。任何农药产品都不得超出农药登记批准的使用范围使用。

2008 年，国家六部委决定停止甲胺磷、甲基对硫磷、对硫磷、久效磷、磷胺 5 种高毒农药的生产、流通、使用（第 1 号公告）。

2011 年，农业部、质检总局等 5 部门关于进一步禁用和淘汰部分高毒农药的通知（第 1586 号公告），撤销氧乐果、水胺硫磷在柑橘树，灭多威在柑橘树、苹果树、茶树、十字花科蔬菜，硫线磷在柑橘树、黄瓜，硫丹在苹果树、茶树，溴甲烷在草莓、黄瓜上的登记。自 2011 年 10 月 31 日起，撤销（撤回）苯

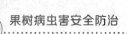

线磷、地虫硫磷、甲基硫环磷、磷化钙、磷化镁、磷化锌、硫线磷、蝇毒磷、治螟磷、特丁硫磷等10种农药的登记证、生产许可证（生产批准文件），停止生产；自2013年10月31日起，停止销售和使用。

2013年，农业部、环保部等联合公告第1586号。撤销氧乐果、水胺硫磷在柑橘树，灭多威在柑橘树、苹果树、茶树、十字花科蔬菜，硫线磷在柑橘树、黄瓜，硫丹在苹果树、茶树，溴甲烷在草莓、黄瓜上的登记。

2013年，农业部公告第2032号。自2015年12月31日起，禁止福美胂和福美甲胂在国内销售和使用。

2016年，中华人民共和国农业部公告第2445号。自2016年7月1日起，全面停止百草枯在国内销售和使用。自2018年10月1日起，全面禁止三氯杀螨醇销售、使用。自本公告发布之日起，生产磷化铝农药产品应当采用内外双层包装。外包装应具有良好密闭性，防水、防潮、防气体外泄。内包装应具有通透性，便于直接熏蒸使用。内、外包装均应标注高毒标识及"人畜居住场所禁止使用"等注意事项。自2018年10月1日起，禁止销售、使用其他包装的磷化铝产品。

二、果园常用农药

果园杀菌剂见表2-1，杀虫剂、杀螨剂见表2-2。

表2-1 果园常用杀菌剂一览表

通用名称	适用果树	防治对象	毒　性	注意事项
石硫合剂	苹果、梨、桃、樱桃、葡萄、核桃、板栗、枣、山楂、柿、杏	白粉病、炭疽病、腐烂病、缩叶病、锈病、黑星病、红蜘蛛	中毒	气温高于32℃或低于4℃时有药害

续表 2-1

通用名称	适用果树	防治对象	毒性	注意事项
代森锌	苹果、梨、葡萄、柿、桃、猕猴桃	轮纹病、炭疽病、腐烂病、锈病、黑星病、褐斑病、霜霉病	低毒	不能与波尔多液、石硫合剂等碱性农药混用
代森锰锌	苹果、梨、桃、樱桃、葡萄、核桃、板栗、枣	斑点落叶病、炭疽病、轮纹病、霜霉病、锈病、黑星病、疮痂病、溃疡病、黑痘病、白腐病、穿孔病、褐腐病	低毒	不能与碱性、铜制剂类农药或肥料混合使用
波尔多液	苹果、梨、葡萄、核桃、板栗、枣、猕猴桃	斑点落叶病、炭疽病、轮纹病、霜霉病、锈病、黑星病、疮痂病、溃疡病、黑痘病、白腐病、褐腐病	低毒	预防病害发生，应在果树发病前或发病初期使用
氢氧化铜	苹果、梨、葡萄、核桃、板栗、枣、猕猴桃	斑点落叶病、炭疽病、轮纹病、霜霉病、锈病、黑星病、疮痂病、溃疡病、黑痘病、白腐病、褐腐病、柿角斑病	低毒	桃、李、杏、樱桃、柿子树对铜敏感，慎用
琥胶肥酸铜	苹果、梨、葡萄、核桃、桃、杏、猕猴桃	溃疡病、炭疽病、疮痂病、穿孔病、霜霉病、褐斑病、轮纹病	低毒	叶面喷洒药剂稀释倍数不得低于 400 倍
噻霉酮	苹果、核桃、猕猴桃	腐烂病、溃疡病	低毒	涂抹枝干病斑
吡唑醚菌酯	苹果、梨、桃、葡萄、蓝莓	斑点落叶病、轮纹病、炭疽病、霜霉病、白粉病	中毒	对鱼等水生生物毒性高，不得污染各类水域和养殖场
吡唑醚菌酯·代森联	苹果、梨、桃、葡萄、柿子	炭疽病、轮纹病、灰霉病、霜霉病、白腐病、黑痘病、梨黑星病、黑斑病、疮痂病、溃疡病	低毒	对鱼等水生生物毒性高，不得污染各类水域和养殖场

续表 2-1

通用名称	适用果树	防治对象	毒性	注意事项
苯醚甲环唑	苹果、梨、葡萄、草莓、核桃、板栗	锈病、白粉病、斑点落叶病、黑星病、炭疽病	低毒	晴天空气湿度低于 65%、气温高于 28℃时停止喷药
中生菌素	苹果、梨、葡萄、核桃、桃、杏、李、樱桃、猕猴桃、柿	轮纹病、炭疽病、斑点落叶病、霉心病、葡萄炭疽病、葡萄黑痘病、细菌性穿孔病、	低毒	不可与碱性农药混用
多抗霉素	苹果、梨、葡萄、核桃、桃、杏、李、樱桃、猕猴桃、柿、草莓	霉心病、套袋黑点病、斑点落叶病、流胶病、灰霉病、褐枯病	低毒	不能与酸性或碱性农药混用
三唑酮	苹果、梨、葡萄、草莓、核桃、板栗	锈病、白粉病	低毒	不宜在草莓上连续使用，易抑制草莓生长
丙环唑	苹果、梨、葡萄、草莓、核桃、板栗	锈病、白粉病、轮纹病	低毒	在花期、苗期、幼果期、嫩梢期，稀释倍数要 3 000 倍以上，防止药害
氟硅唑	苹果、梨、葡萄、枣	锈病、白粉病、轮纹病、黑星病、炭疽病	低毒	酥梨品种幼果期对此药敏感，应慎用
戊唑醇	苹果、梨、葡萄、桃	锈病、白粉病、斑点落叶病、黑星病、炭疽病	低毒	对鱼有害，使用时不得污染水源
腈菌唑	苹果、梨、葡萄、草莓、山楂	锈病、白粉病、叶斑病、黑星病、炭疽病	低毒	本剂易燃，应贮存于干燥、避光和通风处
腈苯唑	苹果、梨、葡萄、桃、樱桃、石榴、枣	斑点落叶病、轮纹病、锈病、白粉病、叶斑病、黑星病、炭疽病、褐腐病、白腐病、石榴黑点病、桃缩叶病	低毒	对鱼类和无脊椎动物有毒

续表 2-1

通用名称	适用果树	防治对象	毒性	注意事项
甲基硫菌灵	苹果、梨、葡萄、桃、樱桃、杏、李、石榴、枣、板栗、核桃、柿、山楂、猕猴桃	斑点落叶病、轮纹病、叶斑病、黑星病、炭疽病、褐腐病、疮痂病、白腐病、石榴黑点病、流胶病、霜霉病	低毒	不能与碱性药剂、波尔多液等铜制剂混用
烯酰吗啉	葡萄	霜霉病、灰霉病	低毒	
异菌脲	苹果、梨、桃、樱桃、杏、葡萄、核桃、板栗、枣	斑点落叶病、炭疽病、轮纹病、霜霉病、花腐病、疮痂病、溃疡病、黑痘病、白腐病、灰霉病、褐腐病	低毒	无内吸和渗透性，喷雾应力求均匀、周到
腐霉利	葡萄、樱桃、草莓	灰霉病、褐腐病	低毒	不能与碱性、有机磷药剂混用
嘧菌酯	葡萄、枣、草莓、苹果、梨、桃	霜霉病、炭疽病、白腐病、叶斑病、黑星病	低毒	某些苹果品种对嘧菌酯敏感，慎用
醚菌酯	苹果、梨、葡萄、草莓、桃、枣	白粉病、锈病、炭疽病、黑星病	低毒	一年使用次数不要超过3次
多菌灵	苹果、梨、桃、樱桃、杏、葡萄、核桃、板栗、枣、猕猴桃、石榴、柿、李	斑点落叶病、轮纹病、叶斑病、黑星病、炭疽病、褐腐病、黑痘病、疮痂病、白腐病、黑点病、褐斑穿孔病	低毒	不能与强碱性农药及铜制剂混用
丙森锌	苹果、葡萄	斑点落叶病、霜霉病	低毒	不能与铜制剂和碱性药剂混合使用。若喷洒了铜制剂和碱性药剂，需要间隔7天后再使用丙森锌
噻枯唑	桃、李、杏、樱桃、猕猴桃	细菌性穿孔病、溃疡病	低毒	严禁孕妇接触本药剂

续表 2-1

通用名称	适用果树	防治对象	毒 性	注意事项
乙膦铝	葡萄	霜霉病	低毒	本品易吸潮结块，应密封干燥保存
氟啶胺	苹果、梨、桃、樱桃、杏、葡萄、核桃、板栗、枣、猕猴桃、石榴、柿	黑斑病、黑星病、锈病、腐烂病、灰霉病、霜霉病、炭疽病、白粉病、疮痂病、烂根病	低毒	对眼睛、皮肤有轻度刺激性，施药后立即清洗裸露皮肤
吗胍·乙酸铜	苹果、葡萄、梨、桃	病毒病	低毒	不能与碱性农药混用

表 2-2　果园常用杀虫剂、杀螨剂一览表

通用名称	适用果树	防治对象	毒 性	注意事项
机油乳剂	苹果、梨、葡萄、桃、杏樱桃、板栗、枣、猕猴桃	介壳虫、红蜘蛛、锈壁虱、蚜虫	低毒	桃树在高温季节不宜使用
阿维菌素	苹果、梨、葡萄、桃、大樱桃、板栗、枣、猕猴桃	害螨、叶蝉、潜叶蛾、食心虫、枣粘虫、梨木虱	中毒	对蜜蜂有毒，不要在果树开花期施用
甲氨基阿维菌素苯甲酸盐	苹果、梨、葡萄、桃、大樱桃、板栗、枣、猕猴桃	害螨、叶蝉、潜叶蛾、食心虫、枣黏虫、梨木虱	低毒	每年用1~2次，避免产生抗药性
多杀霉素	苹果、梨、桃、大樱桃、葡萄、枣	潜叶蛾、卷叶蛾、枣黏虫、果蝇、蓟马	低毒	对鱼或其他水生生物有毒，应避免污染水源和池塘等
乙基多杀菌素	苹果、樱桃、葡萄、桃	苹果蠹蛾、果蝇、蓟马	低毒	禁止在花期喷洒该剂，以免伤害传粉昆虫
白僵菌	苹果、枣、山楂、李、樱桃、枣	桃小食心虫、蛴螬、实蜂、枣尺蠖	低毒	处理土壤，不适宜在养蚕区和桑田使用

续表 2-2

通用名称	适用果树	防治对象	毒性	注意事项
昆虫病原线虫	苹果、枣、山楂、李、樱桃、枣、核桃	桃小食心虫、蛴螬、实蜂、枣尺蠖	无毒	昆虫病原线虫属活体，应注意低温保存。施用于土壤内
灭幼脲	苹果、梨、葡萄、桃、杏、李、樱桃、板栗、枣、猕猴桃、核桃、石榴、柿	潜叶蛾、食心虫、苹掌舟蛾、尺蠖、卷叶蛾、毛虫、刺蛾	低毒	在幼虫低龄期或卵孵化期施药，不可在桑园和养蚕场所使用
杀铃脲	苹果、梨、葡萄、桃、杏、李、樱桃、板栗、枣、猕猴桃、核桃、石榴、柿	潜叶蛾、食心虫、苹掌舟蛾、尺蠖、卷叶蛾、毛虫、刺蛾	低毒	在幼虫低龄期或卵孵化期施药，不可在桑园和养蚕场所使用
吡虫啉	苹果、梨、葡萄、桃、杏、李、蓝莓、石榴、樱桃、板栗、枣、猕猴桃	锈线菊蚜、苹果瘤蚜、苹果绵蚜、桃蚜、桃粉蚜、梨蚜、黄粉蚜、梨木虱、各种介壳虫、叶蝉、绿盲蝽、梨网蝽、石榴蚜虫	低毒	每年用1～2次，避免产生抗药性。禁止花期喷洒使用
啶虫脒	苹果、梨、葡萄、桃、杏、李、蓝莓、石榴、樱桃、板栗、枣、猕猴桃、柿	锈线菊蚜、苹果瘤蚜、苹果绵蚜、桃蚜、桃粉蚜、梨蚜、黄粉蚜、梨木虱、各种介壳虫、叶蝉、绿盲蝽、梨网蝽、石榴蚜虫	低毒	每年用1～2次，避免产生抗药性。禁止花期喷洒使用
噻虫嗪	苹果、梨、葡萄、桃、杏、李、蓝莓、石榴、樱桃、板栗、枣、猕猴桃、柿	锈线菊蚜、苹果瘤蚜、苹果绵蚜、桃蚜、桃粉蚜、梨蚜、黄粉蚜、梨木虱、各种介壳虫、叶蝉、绿盲蝽、梨网蝽、石榴蚜虫	低毒	每年用1～2次，避免产生抗药性。禁止花期喷洒使用

续表 2-2

通用名称	适用果树	防治对象	毒性	注意事项
氟啶虫胺腈	苹果、梨、葡萄、桃、杏、李、蓝莓、石榴、大樱桃、板栗、枣、猕猴桃	锈线菊蚜、苹果瘤蚜、苹果绵蚜、桃蚜、桃粉蚜、梨蚜、黄粉蚜、梨木虱、各种介壳虫、叶蝉、绿盲蝽、梨网蝽、石榴蚜虫	低毒	每年用1～2次，避免产生抗药性。禁止花期喷洒使用
螺虫乙酯	苹果、梨、葡萄、桃、杏、李、蓝莓、石榴、大樱桃、板栗、枣、猕猴桃	锈线菊蚜、苹果瘤蚜、苹果绵蚜、桃蚜、桃粉蚜、梨蚜、黄粉蚜、梨木虱、各种介壳虫、叶蝉、绿盲蝽、梨网蝽、石榴蚜虫	低毒	每年用1～2次，避免产生抗药性。禁止花期喷洒使用
高效氯氰菊酯	苹果、梨、葡萄、桃、杏、李、蓝莓、石榴、大樱桃、板栗、枣、猕猴桃、柿	各种蚜虫、叶蝉、食心虫、卷叶蛾、刺蛾、毛虫、尺蠖、梨木虱、介壳虫、椿象	低毒	每年用1～2次，避免产生抗药性。禁止花期喷洒使用
氰戊菊酯	苹果、梨、葡萄、桃、杏、李、蓝莓、石榴、大樱桃、板栗、枣、猕猴桃、柿	各种蚜虫、叶蝉、食心虫、卷叶蛾、刺蛾、毛虫、尺蠖、梨木虱、介壳虫、椿象	低毒	每年用1～2次，避免产生抗药性。禁止花期喷洒使用
溴氰菊酯	苹果、梨、葡萄、桃、杏、李、蓝莓、石榴、大樱桃、板栗、枣、猕猴桃、柿	各种蚜虫、叶蝉、食心虫、卷叶蛾、刺蛾、毛虫、尺蠖、梨木虱、介壳虫、椿象	低毒	每年用1～2次，避免产生抗药性。禁止花期喷洒使用
高效氟氯氰菊酯	苹果、梨、葡萄、桃、杏、李、蓝莓、石榴、大樱桃、板栗、枣、猕猴桃、柿	各种蚜虫、叶蝉、食心虫、卷叶蛾、刺蛾、毛虫、尺蠖、梨木虱、介壳虫、椿象	低毒	每年用1～2次，避免产生抗药性。禁止花期喷洒使用

续表 2-2

通用名称	适用果树	防治对象	毒性	注意事项
吡蚜酮	苹果、梨、桃、大樱桃、葡萄	蚜虫、叶蝉、梨木虱	低毒	每年用1~2次，避免产生抗药性
呋虫胺	葡萄	葡萄粉蚧、蓟马	低毒	对蜜蜂、蚕高毒，禁止在花期、养蜂、养蚕场所及附近使用
氯虫苯甲酰胺	苹果、梨、桃、杏、李、蓝莓、石榴、大樱桃、枣、柿、猕猴桃	各种食心虫、卷叶蛾、金纹细蛾、枣黏虫、柿蒂虫、尺蠖	微毒	卵孵化期喷洒，每年用1~2次，避免产生抗药性
氟虫双酰胺	苹果、梨、桃、杏、李、蓝莓、石榴、大樱桃、枣	各种食心虫、卷叶蛾、金纹细蛾、枣黏虫、毛虫	低毒	卵孵化期喷洒，每年用1~2次，避免产生抗药性
哒螨灵	苹果、梨、桃、杏、大樱桃、枣、板栗	苹果全爪螨、山楂叶螨、二斑叶螨、板栗红蜘蛛、枣红蜘蛛、锈壁虱	中毒	对蜜蜂有害，禁止在果树花期使用。1年使用1次
噻螨酮	苹果、梨、桃、杏、大樱桃、枣、板栗	苹果全爪螨、山楂叶螨、二斑叶螨、板栗红蜘蛛、枣红蜘蛛、锈壁虱	低毒	在害螨发生初期喷洒使用，每年使用1次
螺螨酯	苹果、梨、桃、杏、大樱桃、枣、板栗、葡萄	苹果全爪螨、山楂叶螨、二斑叶螨、板栗红蜘蛛、枣红蜘蛛、锈壁虱	低毒	在害螨发生初期喷洒使用，每年使用1次
三唑锡	苹果、梨、桃、杏、大樱桃、枣、板栗、葡萄	苹果全爪螨、山楂叶螨、二斑叶螨、板栗红蜘蛛、枣红蜘蛛、锈壁虱	中毒	在害螨发生初盛期喷洒使用，每年使用1次

续表 2-2

通用名称	适用果树	防治对象	毒 性	注意事项
联苯肼酯	苹果、梨、桃、杏、大樱桃、枣、板栗、葡萄	苹果全爪螨、山楂叶螨、二斑叶螨、板栗红蜘蛛、枣红蜘蛛、锈壁虱	中毒	在害螨发生初盛期喷洒使用。果树花期，蚕室及桑园附近禁用
乙螨唑	苹果、梨、桃、杏、大樱桃、枣、板栗、葡萄	苹果全爪螨、山楂叶螨、二斑叶螨、板栗红蜘蛛、枣红蜘蛛、锈壁虱	低毒	在害螨发生初期喷洒使用，每年使用1次

三、化学农药使用注意事项

第一，根据不同防治对象，选择国家已经登记和标有三证号码（农药登记证、生产许可证、产品标准证）的农药品种。

第二，根据防治对象的发生情况，确定施药时间。

第三，正确掌握用药量和药液浓度，掌握药剂的配制稀释方法。

第四，根据农药特性和病虫发生习性，选用性能良好的喷雾器械和适当的施药方法，做到用药均匀周到。

第五，轮换或交替使用作用机制不同的农药，避免病菌和害虫产生抗药性。

第六，防止盲目混用、滥用化学农药，避免人畜中毒、造成药害、降低药效等。严禁在水果上使用国家禁用的剧毒和高毒农药；严禁在花期用药伤害传粉昆虫；严禁在安全间隔期和采收期用药而影响果品安全。

第七，安全用药，施药人员应穿好防护服，戴草帽、口罩和手套。禁止施药时抽烟和饮酒。施完药之后彻底清洗手、脸和穿戴的衣帽。

第八，剩余的药品放置在阴凉密闭处，最好锁起来，防止人和家畜误食中毒。

四、昆虫性诱剂

性诱剂是人工模拟昆虫雌虫性信息素合成的化合物，可以吸引同种昆虫的雄性成虫将其诱杀和迷向，使雌、雄成虫失去交尾机会，不能有效地繁殖后代，减低后代种群数量而达到防治害虫的目的。性诱剂常吸附在橡胶内做成性诱芯，放置田间缓慢释放使用。目前，国内外已经研制出多种果树害虫的性诱剂，如桃小食心虫、梨小食心虫、苹果蠹蛾、苹小卷叶蛾、金纹细蛾、桃潜叶蛾、桃蛀螟、暗黑鳃金龟等害虫的性诱剂，并产业化用于果园防治害虫。为了获得高效诱虫效果，常把性诱剂和昆虫诱捕器、黏虫板结合在一起诱杀害虫成虫。

通过田间大量释放合成的性信息素，可以掩盖雌成虫释放的性激素，使雄性成虫迷失方向，寻找不到异性伙伴，无法完成交配，导致雌虫产无效卵或少产卵，逐渐减少后代数量。用于迷向的性诱剂又被称为迷向剂。目前，主要用于防治梨小食心虫、苹果蠹蛾。

优点：①选择性高，每一种昆虫需要独特的配方和浓度，具有高度的专一性，不会伤害其他有益生物。②使用方便，节水节能。③对环境安全，不污染农产品。

保存方法：性诱剂易挥发，购买后需要密封存放在冰箱内（-15～5℃）。使用前取出、打开包装袋，把诱芯安装在诱捕器或黏虫板上使用。

注意事项：由于性诱剂的高度敏感性，安装不同种害虫的诱芯，更换时需要洗手，以免污染而影响药效。根据每种性诱芯的有效期，及时更换，一般情况下20～30天更换1次。

五、昆虫食诱剂

食诱剂是根据昆虫对食物的嗜好特点而配制的引诱剂。具有见效快、成本低、无残留、使用方便等优点，与化学农药混合后诱使害虫取食中毒死亡，也可装入诱捕器内诱杀害虫。最早使用的糖醋液就属于食诱剂，该剂比较广谱，对许多害虫有效。目前，人们根据不同害虫的取食习性，研究出对应的专用食诱剂，如棉铃虫食诱剂、橘小实蝇食诱剂、樱桃果蝇食诱剂等。食诱剂单独使用无杀虫作用，但与杀虫剂混合使用后可以诱使害虫快速取食到足量药剂，加速害虫死亡，提高杀虫效率。

六、果园常用防治用品

(一)杀虫灯

杀虫灯也叫黑光灯，是根据昆虫具有趋光性的特点，利用昆虫敏感的特定光谱范围的诱虫光源，诱集昆虫并能有效杀灭昆虫，降低害虫数量，防治虫害和虫媒病害的专用装置。不同种类的昆虫对不同波段光谱的敏感性不同，如绿光对金龟子、黄光对蚜虫有较强的诱集力，波长400～680纳米的人类可见光包括了各种色光；波长320～400纳米人类看不见的长波紫外光对数百种害虫有较强的诱集力。在长波紫外光和可见光的光谱范围内，光谱范围越宽，诱虫种类越多，主要害虫有斜纹夜蛾、甜菜夜蛾、银纹夜蛾、地老虎、金龟甲、蟋蟀、蝗虫、蝼蛄、烟青虫、玉米螟等。

随着科学技术的发展，杀虫灯不断被加入新的科学技术升级换代，出现了频振杀虫灯、太阳能杀虫灯、LED杀虫灯等（图2-1），使杀虫效果不断提高。

图 2-1 LED 杀虫灯

（二）黏虫胶和黏虫板

1. 黏虫胶 黏虫胶是一种无味、无毒、无腐蚀、无残留的不透明状半液体。在自然条件下，黏性很强，不溶于水，抗紫外线，耐酸、碱腐蚀，不怕日晒、雨淋、风吹。因此，使用黏虫胶涂抹的果树枝干或板材上可以黏杀昆虫，阻隔一些害虫上树危害，如防治草履蚧、山楂叶螨、枣黏虫、黑蚱蝉等。

2. 黏虫板 由于不同害虫对颜色的趋性不同，常把黏虫胶涂布在色板上诱杀害虫。例如，用黄色黏虫板诱杀蚜虫、梨茎蜂、叶蝉等成虫，用蓝色黏虫板诱杀绿盲蝽和叶蝉，用黑色黏虫板诱杀果蝇（图 2-2）。

图 2-2 黏虫板

（三）诱捕器

诱捕器是用来引诱和捕杀昆虫的器具。形状多种多样，常见的有水盆式、瓶罐式、船式、单层漏斗式、多层漏斗式、三角式等，不同害虫选用不同类型的诱捕器。例如，蛾类害虫多选用水盆式和三角式，金龟子多选用多层漏斗式，果蝇适合使用瓶罐式诱捕器（图2-3）。诱捕器常与性诱剂、食诱剂一起使用。

图2-3　诱捕器

（四）喷雾器

喷雾器是喷雾器材的简称，其功能就是通过压力和细小喷孔把药液雾化为细小液滴，喷洒到植物体表面，使其液滴均匀分布、覆盖植物和有害生物体表，保证药剂作用于防治靶标。

喷雾器的种类很多。按动力形式大致可分手动、电动和机动3大类。机动喷雾器又分为手推式、车载式、担架式等。目前，随着现代果园规模化的发展，大型车载式、自走式风送喷雾器正在果园推广使用，显著提高了喷雾效率和防治效果。

（五）果　袋

果袋是指套在果实上保护其免受病虫侵害、农药污染、提高果面着色和光洁度的袋子，有塑膜袋、纸袋、无纺布袋等。根据不同果树需要，又分为专业的苹果袋、梨袋、葡萄袋、香蕉袋等（图 2-4）。

图 2-4　果实套袋

（六）防虫网和防鸟网

防虫网是由乙烯丝编织而成的纱网。通过覆盖在棚架上构建人工隔离屏障，将外界害虫拒之网外，保护网内植物免收侵害，有效控制各类果树害虫，如椿象、卷叶蛾、棉铃虫、金龟子、天牛、蚜虫、叶蝉等多种害虫。应根据虫体大小，选用合适网眼大小的防虫网，一般用 80～100 目。

防鸟网是一种采用添加防老化、抗紫外线等化学助剂的聚乙烯、综丝为主要原料，经拉丝制造而成的网状织物，具有拉力强度大、抗热、耐水、耐腐蚀、耐老化、无毒无味、废弃物易处理等优点。网眼较大，可以阻隔鸟类进入，但不能阻挡害虫。

第三章
苹果主要病虫害防治

一、主要病害

（一）苹果树腐烂病

苹果树腐烂病俗称臭皮病、烂皮病、串皮病，在北方苹果产区发生普遍，危害严重。

1. 发病症状 该病害主要危害苹果树的主干、主枝、较大侧枝及辅养枝，致使树皮腐烂，有时也可侵害靠近皮层的木质部。发病初期病皮表面呈现红褐色水渍状不规则斑，后发展为皮层腐烂，常溢出黄褐色汁液。表皮下病组织松软湿腐状，有酒糟味。后期病斑失水干缩下陷呈黑褐色，边缘开裂，表面产生许多黑色粒点。在雨后和潮湿情况下，小黑点可溢出橘黄色丝状物。

2. 发病特点 树势衰弱是苹果树腐烂病发病的主要诱因。果园立地条件较差、树龄大、大小年结果现象、环剥、修剪等农事操作造成伤口过多等因素，冻害和日灼均会促进腐烂病发生。

3. 防治方法

（1）农业防治 ①培育壮树是防治腐烂病的根本。合理肥水，适量留果，适当修剪，保叶促根，保证树壮树旺，增强抗病能力。②桥接复壮。对已经产生大病斑的衰弱树体，在刮治病斑的同时，应及时用苹果枝条进行桥接，有利于养分和水分输送，恢复树势而避免死树。③清除死枝和重病树。5～7月份将10年生以上重病树的主干、骨干枝上的粗翘皮刮干净，以清除树皮浅层潜伏的病菌。

（2）**化学防治** ①及时治疗病斑。用快刀将病斑组织彻底刮除干净，并涂药治疗和保护伤口。有效药剂为25%丙环唑乳油120～150倍液，或45%代森铵水剂50～100倍液，或3%噻霉酮微乳剂50倍液，或1.8%辛菌胺醋酸盐水剂50～100倍液，或2.12%腐殖酸铜水剂5倍液。②喷洒铲除剂。苹果萌芽前，整树喷施铲除性杀菌剂，如72%福美锌可湿性粉剂200倍液，或45%代森铵水剂400倍液，或3%噻霉酮可湿性粉剂1000～1500倍液等。

（二）苹果轮纹病

苹果轮纹病是引起苹果枝干粗皮和果实腐烂的一种重要病害，又称粗皮病、烂果病。

1. 发病症状 轮纹病在苹果枝干上发病时，先以皮孔为中心形成近圆形水渍状褐色小点，后病斑扩大成青灰色瘤状突起，病健交界处发生龟裂，病皮翘起呈粗糙状。果实多在近成熟期和贮运期发病，先以皮孔为中心生成水渍状褐色小斑点，很快扩大成淡褐色与褐色交替的同心轮纹状病斑，并有茶褐色的黏液溢出。温、湿度适宜时，果实在几天内即可全部腐烂，散发出酒糟味。

2. 发病特点 轮纹病病原菌在被害枝干上越冬。翌年春季，病菌首先侵染枝干，然后侵染果实。病菌侵染果实多集中在6～7月份，幼果受侵染后不立即发病，当果实近成熟期才开始发病，采收期为田间发病高峰期。夏、秋季节天气多雨和果园高湿有利于发病，树冠郁闭和树势衰落也有利于发病。富士、红星、元帅、金冠、青香蕉、印度等品种对轮纹病敏感，发病较重。

3. 防治方法

（1）**农业防治** ①清除枝干病瘤。早春发芽前，刮除树干上的病斑和粗皮，集中起来烧毁或深埋，并用45%代森铵水剂400倍液喷施或涂抹苹果枝干，消灭越冬病菌。②合理密植和整枝修剪，及时中耕锄草或割草。改善果园通风透光性，降低果园湿度，抑制病菌侵染发病。③合理施用氮、磷、钾肥，增施有机肥，增强树体抗病能力。④田间果实开始发病后，及时摘除病果深埋，减少病菌再侵染。

（2）**化学防治**　从苹果谢花后7～10天开始喷第一次药，以后每隔15～20天喷洒1次杀菌剂，可选用50%多菌灵可湿性粉剂800倍液，或代森锰锌可湿性粉剂800～1000倍液，或70%甲基硫菌灵可湿性粉剂800倍液，或波尔多液（1:2:240），或43%戊唑醇可湿性粉剂2000倍液，或25%吡唑醚菌酯乳油1500～2500倍液等。一定要注意，幼果期使用波尔多液易发生果锈，防治药剂要交替使用，以提高药效和延迟抗药性发生。

（3）**物理防治＋化学防治**　在果实生长期套袋，阻止病菌侵染果实。注意：套袋前一定要喷洒1次杀虫剂＋杀螨剂＋杀菌剂＋钙肥混合液，药液干后立即套袋，最好当天上午喷药，下午套袋。药剂组合：螺虫乙酯＋哒螨灵＋甲基硫菌灵＋氨基酸钙。

（三）苹果炭疽病

苹果炭疽病又称苦腐病、晚腐病。主要危害果实，也可危害枝条和果苔等。

1. 发病症状　果实开始发病时，果面上先出现针头大小的淡褐色小斑点，圆形，边缘清晰。以后病斑逐渐扩大，颜色变成褐色或深褐色，表面略凹陷，后期病斑表面长出黑色小粒点，常呈同心轮纹状排列。由病部纵向剖开果实，病斑剖面呈圆锥状（或漏斗状），可烂至果心，病肉褐色腐烂，食之味苦。1个病果上可以有1～10余个病斑，病斑之间相互融合而导致全果腐烂。病果失水后干缩成僵果，脱落或悬挂在树上。

2. 发病特点　炭疽病属真菌性病害，病原菌在发病的果实、果苔、病枝上越冬。翌年春天，越冬病菌形成分生孢子，借雨水、昆虫传播，通过皮孔进行侵染。果实发病以后，可陆续产生大量分生孢子进行多次再侵染，所以病菌自幼果期到成熟期均可侵染果实。在北方地区，一般7月份苹果开始发生炭疽病，8月中下旬之后开始进入发病盛期，采收前达发病高峰。贮藏期如果条件适宜，受侵染的果实仍可继续发病。高温、高湿有利于炭疽病发生和流行。

3. 防治方法　与防治苹果轮纹病一起进行。具体方法详见苹果轮纹病。

（四）苹果炭疽叶枯病

苹果炭疽叶枯病又称苹果炭疽落叶病。该病害是最近几年在嘎啦、金冠、乔纳金苹果上普遍发生，并引起早期大量落叶的重要病害，特别是夏季多雨的年份发生更为严重。在富士、红星苹果上发生轻。

1. 发病症状　苹果炭疽菌叶枯病主要危害叶片，也危害果实。叶片发病初期，表面产生黑色不规则病斑，边缘模糊。高温、高湿条件下，病斑扩展迅速，1～2天内可蔓延至整张叶片，叶片很快变黑焦枯，随后脱落。该病害发病、流行速度快，几天之内即可导致全树落叶，造成第二次开花，减产非常严重。果实受害后，果面产生很多黑色斑点，病斑一般不扩展，后期造成落果或僵果。

2. 发病特点　苹果炭疽叶枯病菌属真菌，以菌丝体在病僵果、枝条、果苔上越冬。春季5月份，温、湿度适宜时产生分生孢子，孢子借雨水和昆虫传播，经皮孔或伤口侵入叶片、果实。7月份开始发病，发病高峰期为7～8月份的阴雨连绵季节。

3. 防治方法

（1）农业防治　冬季修剪结束后，彻底清扫园内残枝落叶、病果，集中销毁。

（2）化学防治　①发生炭疽叶枯病的果园，最好在落叶后喷洒1次硫酸铜100～200倍液；翌年4月份苹果萌芽前，再喷施1次。②5月份第一次降雨后，结合防治其他病害的同时进行该病的防治。有效杀菌剂为1：2：200波尔多液，或25%吡唑醚菌酯乳油1500～2500倍液，或68.75%噁酮·锰锌（易保）水分散粒剂1000倍液，或70%丙森锌可湿性粉剂800倍液，或30%琥胶肥酸铜可湿性粉剂400～500倍液，或80%锰锌·多菌灵可湿性粉剂600倍液等。如果降雨前没有及时喷药，可在连续阴雨间歇期补喷代森锰锌或波尔多液。

（五）苹果褐斑病

苹果褐斑病是苹果早期落叶病的一种，主要危害叶片，也可危害嫩枝及果实。

1. 发病症状　叶片发病时，先出现极小的褐色小点，后逐渐扩大为直径3～6毫米的红褐色病斑，病斑边缘紫褐色，中心常有1个深色小点或呈同心轮纹状。有的病斑可扩大为不规则形斑，有的病斑则破裂成穿孔。高温多雨季节病斑扩展迅速，常使叶片焦枯脱落。幼果和近成熟的果实均可受害发病，出现的症状不完全相同。但是果实发病多以果点为中心，产生近圆形褐色斑点，直径2～5毫米，周围有红晕，病斑下的果肉变褐，呈木栓化干腐状。

2. 发病特点　褐斑病属真菌性病害。病原菌在病落叶上、1年生枝的叶芽、花芽和枝条病斑上越冬。病菌主要靠风雨传播。山东田间发病一般始见于4月下旬，5月下旬若遇雨便可形成当年第一次发病高峰，6月中下旬便可造成严重危害。7月下旬至8月上旬，随着秋梢的大量生长，病害发生达到全年高峰，严重时可造成大量落叶。病害发生的早晚与轻重，与春秋两次抽梢期间的降雨量、空气湿度呈正相关，降雨多、湿度大则发病重。苹果不同品种间对褐斑病的抗病程度有差异，新红星、印度、青香蕉、北斗等易感病，嘎啦、国光、红富士等中度感病，金冠、红玉等发病较轻，乔纳金比较抗病。

3. 防治方法

（1）**农业防治** ①加强栽培管理，多施有机肥和磷、钾肥，避免偏施氮肥，提高树体抗病能力。②合理修剪，改善树体通风透光条件；采用滴灌，降低果园湿度，减轻病害发生。③冬季苹果落叶后，结合冬季修剪，剪除病枝，清扫残枝落叶，集中销毁或深埋，减少病菌来源。

（2）**化学防治** 在新梢抽生和迅速生长期，树上喷施50%异菌脲可湿性粉剂1000倍液，或10%多抗霉素可湿性粉剂1000～1500倍液。也可喷施70%代森锰锌可湿性粉剂1000倍液，或30%琥胶肥酸铜可湿性粉剂400～500倍液，或25%吡唑醚菌酯乳油1500～2500倍液等杀菌剂。结合防治苹果轮纹病、炭疽病，喷洒药剂中添加甲基硫菌灵、戊唑醇等药剂，可达到一喷多防效果。

（六）苹果灰斑病

苹果灰斑病也是斑点落叶病的一种，主要危害苹果叶片，造成苹果叶片焦枯、脱落，引起树势衰弱，果品产量和质量降低。

1. 发病症状 灰斑病的病斑呈圆形或近圆形，黄褐色，初生病斑四周有时有紫红色晕环。后期病斑变成灰白色、灰褐色或深褐色，其上散生黑色小粒点。

2. 发病特点 灰斑病属真菌性病害，主要以菌丝体在病落叶上越冬。翌年4～5月份多雨时，地面上的落叶湿润后，可产生大量分生孢子，随风雨传播到生长的叶片上侵染发病。所以，高温、多雨及多雾有利于该病害的发生与流行。

3. 防治方法 参见苹果褐斑病防治方法。

（七）苹果白粉病

苹果白粉病是危害嫩芽和新梢的一种病害，发生普遍，严重影响枝叶生长和光合作用。

1. 发病症状　苹果白粉病主要危害叶片、新梢，花、幼果和芽也能受害。受害的休眠芽干瘪尖瘦，鳞片松散，萌发较晚，严重时未萌发即枯死。病芽萌发后生长缓慢，长出的新叶皱缩畸形，质硬而脆，叶面覆盖白粉。病梢节间短而细弱，上面着生的病叶表面布满白粉，后期一些叶片干枯脱落。受白粉病菌侵害花朵的萼片及花梗畸形，花瓣狭长，黄绿色，不能坐果。

2. 发病特点　白粉病菌属真菌性病害。主要以菌丝体在芽鳞内越冬，春季叶芽萌动时，越冬菌丝开始活动危害，借助气流传播侵染嫩叶、新梢、花器及幼果。该病菌喜干燥、冷凉，所以4～6月间为发病盛期，7～8月份高温多雨抑制病菌扩展，8月底再度在秋梢上危害。嘎啦、红玉、乔纳金苹果易感白粉病，富士、国光、印度、青香蕉、金冠、红星苹果较抗白粉病。

3. 防治方法

（1）农业防治　结合冬季修剪，剪除病枝、病芽，集中处理，以减少病原菌。

（2）化学防治　①苹果树发芽前，用3～5波美度石硫合剂喷洒枝干，铲除病芽内越冬菌丝。②在开花前、落花后各喷药1次，有效药剂为20%三唑酮乳油8 000倍液，或43%戊唑醇悬浮剂5 000～8 000倍液，或30%己唑醇悬浮剂7 500倍液，或24%腈苯唑悬浮剂5 000～6 000倍液。

（八）苹果霉心病

苹果霉心病又名心腐病。主要发生在北斗、红星等苹果品种上，在树上成熟期和采摘后发病，引起果实心室变褐腐烂，导致采前落果和贮藏期烂果。

1. 发病症状　发病初期，果实心室有不连续点状或条状褐斑，后扩大融合成褐色斑块，最后病果果心完全变褐，出现灰绿色、白色或粉红色的霉状物，果肉从心室逐渐向外霉烂，味苦。一般情况下果实外表症状不明显，较难识别。但受害严重的幼果可在早期脱落，近成熟果实受害后偶尔果面发黄，着色较早。

2. 发病特点　霉心病菌属弱寄生真菌，以菌丝体在病果内越冬，或潜藏在芽的鳞片内越冬。翌年春季产生分生孢子，随气流、雨水传播，于苹果开花时飘落在花朵的柱头上，萌发后菌丝从花柱向萼心生长并侵入心室，导致果实发病。霉心病的发生与品种关系密切，凡果实萼口开放、萼筒长的易感病。所以，红星、红冠等元帅系品种发病重，富士系列发病轻。花期前后降雨，高湿温暖，有利于霉心病发生。

3. 防治方法

（1）农业防治　①冬季修剪时，剪去树上各种僵果、枯枝，然后清洁果园，可减少菌源。②增施农家肥，增强果实抗病力。

（2）化学防治　①在幼果期和果实膨大期，喷洒0.4%硝酸钙或氯化钙溶液1～2次，增加果实的含钙量，减轻病菌的危害。②苹果开花前、谢花末期、幼果期各喷洒1次杀菌剂，防止霉心病菌侵入果实内。药剂可选用50%多菌·乙霉威可湿性粉剂1000倍液，或10%多抗霉素可湿性粉剂1000～1500倍液，或70%甲基硫菌灵可湿性粉剂1000倍液，或1%中生菌素水剂200～300倍液。

（九）苹果花叶病毒病

苹果花叶病毒病在国内各苹果产区普遍发生，在金冠、青香蕉、秦冠、红玉等品种上发病较重，红星、富士苹果发病较轻。

1. 发病症状　主要在叶片上表现症状，出现各种类型的鲜黄色病斑。发病严重的叶片病斑由鲜黄色渐变为白色褪绿斑区；轻者叶片只出现少量小黄色斑点，有的是沿脉失绿黄化，形成一个黄色网纹。病树的 1 年生枝条较短，树势衰弱。

2. 发病特点　花叶病毒主要通过嫁接传染，靠接穗和苗木远距离传播。当气温 10～20℃、光照较强、土壤干旱及树势衰弱时，有利于症状显现。高温、高湿、肥水充足的条件下，花叶症状可暂时隐蔽。

3. 防治方法

（1）农业防治　①栽植无病毒苗木。花叶病毒病由苗木带入，具有较长的潜伏期，一般于栽后第五年表现症状，以后逐年加重。繁育苗木时，砧木采用实生苗，从无毒母树上采集接穗。②对盛果期有该病毒病的果树，要增施有机肥，喷洒多营养微肥，增强树体耐病性。

（2）化学防治　发病初期，用 1.8% 辛菌胺醋酸盐水剂 200～300 倍液喷雾，每 7～10 天喷 1 次，连喷 2～3 次，可减轻症状。

（十）苹果锈果病毒病

锈果病又名花脸病、裂果病，是一种病毒性病害。

1. 发病症状　发病初期先在苹果果实顶部产生深绿色水渍状斑，斑逐渐沿果面纵向扩展，最后长成条状铁锈色斑。锈斑仅在表皮上生长，导致果面粗糙，后期果实变成凹凸不平的畸形果，有的果皮龟裂。有的病果着色后果面散生许多黄绿色斑块，呈花脸症状。还有的病果同时拥有锈斑和花脸两种症状。

2. 发病特点　该病害由苹果锈果类病毒引起，苹果树一旦染病可全株带毒，病情逐年加重，无法治愈；此病毒可通过嫁接传染，也可通过在病树上用过的刀、剪、锯等园艺工具传染。发病高峰期为 5～7 月份。梨树普遍感染该病毒，但不表现症状，所以与梨树混栽的苹果或靠近梨园的苹果树发病较多。带病接穗及带病苗木的调运，是该病扩大危害的主要途径。

3. 防治方法

（1）农业防治　①防治此病最根本的方法就是栽培无毒苹果

苗。严禁在疫区内繁殖苗木或外调繁殖材料，用种子播种繁殖，避免采用根蘖苗；严禁从病树上采取接穗，避免在老果园附近育苗。建园时避免与梨树混栽。②发现严重病株，立即连根刨出烧毁，3 年内禁止在该树坑栽植苹果树。

（2）化学防治　对发生该病害的果园，控制施用含锰、铁的化肥和农药，增施有机肥，同时要施足磷、钾、锌、铜、钼、镁等肥料，使病症得以抑制。

二、主要生理性病害

（一）苹果黄叶病（缺铁）

苹果黄叶病又名黄化病、缺铁失绿病，是由树体缺少铁元素引起的生理性病害。严重影响光合作用，抑制树体生长和开花结果。

1. 发病症状　发病时先从新梢的幼嫩叶片开始，叶肉褪绿变黄，叶脉仍保持绿色，呈绿色网纹状。后期全叶变成黄白色，叶片自边缘焦枯，最后全叶枯死脱落。

2. 发病特点　苹果黄叶病的发生与土壤质地有很大关系，一般盐碱土或石灰质过多的土壤容易发生缺铁。地下水位高，低洼地及重黏土质的果园容易发生缺铁性黄叶病。特别是在盐碱地区，栽植用山定子作砧木的苹果，该病发生普遍严重。

3. 防治方法　①多施有机肥。在果树休眠期，将硫酸亚铁溶于水中配制成 10 倍液，采用喷洒法与有机粪肥按 1∶15 比例混匀，一起施入果树根部土壤，防治苹果黄叶病效果较佳。②叶面喷施铁肥。新梢快速生长期，用 0.3%～0.5% 硫酸亚铁溶液或 1% 柠檬酸铁溶液均匀喷洒枝叶，每 15 天喷 1 次，连续喷 3～4 次，即可见效。

（二）苹果小叶病（缺锌）

苹果小叶病是由缺锌引起的，影响枝梢生长。

1. 发病症状 苹果小叶病多发生于新梢，最初从个别枝条上表现症状。病枝发芽较晚，病梢节间短，叶片狭小、簇生、不平展，黄绿色或脉间黄绿色。后期病枝梢因营养不良会逐渐枯死。病树花芽少、花小、不易坐果，结出的果实小而畸形。

2. 发病特点 主要是由土壤内缺锌、营养不均衡引起，当果园土壤有效锌含量低于 0.5 毫克／千克时，通常会引发不同程度的小叶病。而且，缺锌严重者会导致果树根系发育不良，甚至烂根死树。另外，不合理修剪如重剪、重环剥，影响养分吸收和运转，也会引起小叶病。

3. 防治方法 ①春、秋两季，施有机肥时掺入适量硫酸锌，一般大树每株施有机肥 50 千克＋硫酸锌 0.2～0.5 千克。②苹果发芽前 15～20 天，用 3%～5% 硫酸锌溶液喷洒枝干。③结合防治苹果叶部病害，选用 70% 丙森锌可湿性粉剂 700 倍液或锌铜波尔多液，且将主干及根颈部喷湿，可显著减少小叶病发生。

（三）苹果苦痘病（缺钙）

苹果苦痘病又称苦陷病，主要在果实成熟期和贮藏期表现症状。由树体缺钙引起。

1. 发病症状 苦痘病主要发生在果实上，近成熟时开始出现症状，贮藏期继续发展。病斑多发生在近果顶处，病部果皮下的果肉先发生褐色病变，外部颜色深，在红色品种上呈现暗紫红色斑，在绿色品种呈现深绿色斑，在青色品种上形成灰褐色斑。后期病部果肉干缩，表皮坏死，出现凹陷的褐斑，深达果肉 2～3 毫米，有苦味。发病轻的果面上有 3～5 个斑，严重的有多个斑。

2. 发病特点 苹果苦痘病的发生主要与果肉中的钙含量有关。当钙离子浓度低于 110 毫克／千克时，影响表皮细胞发育，致使果肉松软变褐，外部出现凹陷斑。同时，果实内氮钙比也影响苦痘病的发生，当氮钙比等于 10 时不发病，氮钙比大于 10 时发生苦痘病，达到 30 时则严重发病。因此，在修剪过重、偏施氮肥、树体过旺及肥水不良的果园苦痘病发病重。随着果园化肥使用量不断增加，广泛实行套袋栽培后降低了果实内钙含量，致使苦痘病逐渐加重。

3. 防治方法　①增施有机肥和绿肥，严防偏施和晚施氮肥。秋施基肥时，添加适量钙肥。②盛花期后每隔 2～3 周，叶面喷洒 1 次钙肥，可选用 0.3% 硝酸钙液、氨基酸钙、富力钙等，直到果实采收。因为钙肥在气温高时易发生药害，所以应严格按照说明书配制和喷洒肥料。

三、主要虫害

（一）苹果黄蚜（绣线菊蚜）

苹果黄蚜又名绣线菊蚜，俗称腻虫。因其幼若蚜、无翅成蚜体色呈黄色、黄绿色，故名苹果黄蚜。以若蚜、成蚜群集于寄主嫩梢、嫩叶背面及幼果表面刺吸汁液，受害叶片常向背面卷曲。卵仅在越冬时出现，椭圆形、漆黑色。

1. 发生规律　1 年发生 10 多代。以卵在苹果枝条的皮缝内、鳞芽旁越冬。春季苹果芽萌动时卵开始孵化，危害先萌发的嫩芽，几天后产生无翅和少量有翅胎生雌蚜进行转移和繁殖后代。苹果发芽后的春梢生长期繁殖最快。7～8 月份高温和春梢停长，不适于蚜虫的取食和繁殖，故树上蚜虫数量逐渐减少。待秋梢生长期，蚜虫数量又回升。10 月份田间出现性蚜，雌、雄虫交尾后产卵越冬。

2. 防治方法

（1）生物防治　蚜虫的天敌有食蚜蝇、瓢虫、草蛉、小花蝽、蚜茧蜂等，天敌发生期果园尽量不使用广谱、触杀性菊酯类和有机磷类化学杀虫剂，以免伤害天敌。对于有机和绿色苹果园，除释放上述蚜虫天敌防治外，还可选用95%机油乳剂200倍液及除虫菊素、苦参碱等植物源杀虫剂。

（2）**化学防治** ①苹果树萌芽时，树上喷洒95%机油乳剂50倍液+2.5%啶虫脒乳油2000倍液，可有效杀灭树体上的越冬卵及初孵蚜虫。同时，兼治绿盲蝽、介壳虫等。②苹果谢花后，树上立即喷药防治，争取在蚜虫卷叶前控制蚜虫。选用的药剂有10%吡虫啉可湿性粉剂3000～4000倍液，或3%啶虫脒乳油2000倍液，或50%氟啶虫胺腈水分散粒剂8000～10000倍液，或24%螺虫乙酯悬浮剂4000～5000倍液。

（二）苹果瘤蚜

苹果瘤蚜又名苹果卷叶蚜。幼若蚜和无翅蚜体色呈绿色和墨绿色。以成、若蚜在叶片背面刺吸汁液，受害叶片边缘向背面纵卷成条筒状或细绳状，蚜虫潜藏其中吸食，导致叶片皱缩、干枯、脱落，严重影响枝叶生长和光合作用。

1. 发生规律 该蚜1年发生10多代，以卵在1年生枝条芽缝、剪锯口等处越冬。翌年苹果发芽时越冬卵孵化，发生危害盛期同苹果黄蚜。10～11月份出现性蚜，交尾后产卵越冬。

2. 防治方法 苹果瘤蚜的防治方法和药剂基本同苹果黄蚜，但关键喷药时期是越冬卵孵化盛期，可选用内吸性杀虫剂。另外，田间发现被害梢及时剪除，应带出园外集中灭杀处理。

（三）苹果绵蚜

苹果绵蚜又称白色蚜虫、赤蚜。虫体黄褐色至赤褐色，体表有大量白色绵状长蜡毛，因此树体有虫之处犹如覆盖一层白色棉絮。主要聚集在苹果枝干的粗皮裂缝、伤口、剪锯口、新梢叶腋以及裸露地表根际等处危害，消耗树体营养。枝干被害部位常形成小肿瘤，叶柄被害后变成黑褐色，叶片早落。果实受害后发育不良，易脱落。侧根受害形成肿瘤，无法生长须根，并逐渐腐烂，影响水、肥吸收，导致树体衰弱，结果少而小，着色差。

1. 发生规律　1年发生10余代，以无翅成蚜及若虫在树干和枝条的伤疤、剪锯口、粗皮裂缝、土表下根颈部、根蘖、根瘤皱褶等部位越冬。翌年苹果发芽前后开始活动取食，5月下旬向树冠和附近其他苹果树上扩散。5月下旬至7月上旬种群生长繁殖最旺盛，树上数量迅速增加。7～8月份因绵蚜寄生蜂的迅速繁殖和大量寄生，其数量急剧减少。9月20日以后随着苹果秋梢的生长和寄生蜂的减少，苹果绵蚜数量又恢复增长，10月上旬为田间第二次发生高峰。11月份后，苹果绵蚜进入越冬状态。

2. 防治方法

（1）农业防治　冬季结合修剪防治腐烂病和轮纹病，剪除虫枝和根蘖苗，刮除枝干上的老翘皮、病疤、病瘤等，带出园外集中烧毁或深埋，以消除越冬苹果绵蚜。

（2）化学防治　①春季苹果萌芽期，用10%吡虫啉可湿性粉剂2 000倍液灌根，灌根药液量根据果树大小而定，一般以药水渗透到根系部位为宜，可有效杀死寄生在根部的绵蚜。施药前先将根部周围的泥土刨开，灌药后覆土。②在苹果生长季节，结合防治苹果其他蚜虫一起喷药防治。苹果采收前喷药时应注意安全间隔期，做到防虫、保安全两不误。同时，还要注意喷药不可伤害蜜蜂、寄生蜂、瓢虫等有益昆虫。

（四）苹果红蜘蛛

苹果红蜘蛛又称苹果全爪螨、榆全爪螨，主要危害苹果、海棠、山荆子，被害叶片出现黄褐色失绿斑点，均匀分布。严重时叶片灰白，变硬，变脆，但一般不落叶。成螨虫体呈红色，身上有刚毛，刚毛基部有黄白色瘤状突起。越冬卵和夏卵均为红色，洋葱头形，顶端中央生有一短毛。

1. 发生规律 苹果全爪螨在北方果区 1 年发生 6～7 代，以卵在短果枝、果苔和多年生枝条的分枝、叶痕、芽轮及粗皮等部位越冬。苹果花蕾膨大时越冬卵开始孵化，晚熟品种盛花期为孵化盛期，终花期为孵化末期，花后 1 周为若螨期，是树上喷药防治的关键时期。此后，逐渐出现世代重叠，6～7 月份进入发生危害盛期。幼螨、若螨多在叶背取食活动，雌成螨多在叶面活动危害，爬行速度快。

2. 防治方法

（1）生物防治 保护利用自然天敌。果树害螨的主要天敌有瓢虫、小花蝽、捕食螨、塔六点蓟马等，当树上害螨数量较少时，它们完全可以有效控制害螨的危害。因此。果园尽量少喷洒触杀性杀虫剂，以减轻对天敌昆虫的伤害。也可在害螨发生初期，购买和释放捕食螨、塔六点蓟马等天敌，可按照说明书进行操作。

（2）化学防治 ①苹果开花前后，树上均匀喷洒 24% 螺螨酯悬浮剂 4 000 倍液，或 5% 噻螨酮乳油 2 000 倍液，或 20% 乙螨唑悬浮剂 3 000～5 000 倍液。②6 月份以后，当树上平均每叶活动态螨数达 3 头左右时，喷洒 15% 哒螨灵乳油 2 500 倍液，或 20% 三唑锡悬浮剂 2 000 倍液，或 1.8% 阿维菌素乳油 4 000 倍液，或 43% 联苯肼酯悬浮剂 3 000～5 000 倍液等。

（五）山楂红蜘蛛

山楂红蜘蛛又名山楂叶螨，可危害苹果、桃、梨、杏、樱桃、山楂、海棠、核桃、榛子。成螨红色，刚毛基部无毛瘤，幼若螨黄白色；卵为光滑圆球形，橙黄色或黄白色。以成、若螨群集叶片背面刺吸汁液，多集中在主脉两侧，有吐丝结网习性。叶片受害后，表面出现黄色失绿斑点，并逐渐扩大，叶片背面呈褐锈色。受害严重时，叶片呈褐色焦枯，造成大量落叶。

1. 发生规律 山楂叶螨 1 年发生 10 代左右，以受精雌成螨在果树主枝和主干的树皮裂缝内、老翘皮下、贴叶下等处潜藏越冬，有的也在树干基部周围的土缝里、地面落叶、枯草、地布下面越冬。翌年春天苹果树发芽时开始出来活动，先在根蘖苗、树冠下部内膛的芽上取食危害。苹果花期开始产卵，谢花后为产卵高峰期。第一代螨发生较为整齐，是树上喷药防治的关键时期，以后各代重叠发生。麦收前后，由于天气高温干旱，有利于其生长繁殖，该螨种群数量急剧增加，6～7月份为全年猖獗危害期。夏季降雨后，田间种群数量骤降，危害减轻。10月中旬后，雌成螨受精后进入越冬场所。

2. 防治方法

（1）**农业防治** ①冬季落叶后，彻底清扫果园内的落叶、杂草，集中投入沼气池，或结合施基肥埋入地下。②早春在越冬雌成螨出蛰前，结合防治病害刮除树干上老翘皮和粗皮，带出园外烧毁。③结合冬季修剪，摘除树枝上的贴叶、果袋、旧绑扎绳等，消灭在它们下面潜藏的越冬螨虫。

（2）**生物防治** 保护利用自然天敌。方法同苹果红蜘蛛。

（3）**化学防治** ①谢花后1周，树上喷洒长效杀螨剂，可使用24%螺螨酯悬浮剂4 000倍液，或20%四螨嗪悬浮剂3 000倍液，或5%噻螨酮乳油1 500倍液，或20%乙螨唑悬浮剂3 000～5 000倍液。②麦收前后，叶面喷洒速效性杀螨剂，有效药剂为15%哒螨酮乳油3 000倍液，或20%三唑锡悬浮剂1 500倍液，或1.8%阿维菌素乳油4 000倍液，或43%联苯肼酯悬浮剂3 000～5 000倍液，或30%乙唑螨腈悬浮剂3 000～5 000倍液等。

（六）白 蜘 蛛

白蜘蛛又名二斑叶螨、二点叶螨。幼若螨身体黄白色或黄绿色，雌成螨体色黄绿，背部两侧各有1个黑褐色斑块，故名二斑叶螨。该螨食性很杂，可危害苹果、樱桃、梨、桃、杏等多种果树，还危害多种蔬菜、农作物、花卉、林木、杂草等。以幼若螨、成螨刺吸危害果树叶片，被害叶出现失绿斑点，受害严重的叶片呈灰白色或枯黄色，密布丝网，最后叶片干枯脱落。

1. 发生规律　在北方苹果产区1年发生12～15代。以橘黄色受精雌成螨在枝干粗皮下、裂缝内或在根际周围土缝、杂草、落叶下群集越冬。春季苹果萌芽时，越冬螨开始出蛰活动取食，首先在果园内的春季杂草上繁殖危害，4月份果树发芽后，陆续上树危害叶片，最初集中在树体内膛危害。6月上中旬后数量急剧增加，并向四周扩散蔓延，6～8月份为全年猖獗危害期。大发生或食料不足时常千余头螨群集于叶尖端成一虫团。10月份后雌成螨陆续进入越冬场所。

2. 防治方法

（1）**农业防治**　早春越冬雌螨出蛰前，结合防治轮纹病刮除树干上的老翘皮，清除果园里的枯枝落叶和杂草，集中深埋或烧毁，消灭越冬雌成螨。晚秋于树干上绑草把或塑料布，诱集越冬害螨潜伏，冬季解下烧毁。

（2）**生物防治**　保护利用自然天敌。方法同苹果红蜘蛛。

（3）**化学防治**　苹果开花前后，树上喷洒20%三唑锡悬浮剂1500倍液，或1.8%阿维菌素乳油4000倍液，或5%唑螨酯乳油2500倍液，或5%噻螨酮乳油2000倍液，或24%螺螨酯悬浮剂4000倍液，或30%乙唑螨腈悬浮剂3000～5000倍液。喷药时要均匀周到，果树根蘖苗和地面杂草也需要同时喷药。

（七）苹果潜叶蛾

苹果潜叶蛾又名金纹细蛾，主要危害苹果，以黄白色幼虫潜食叶肉，形成椭圆形虫斑，影响叶片生长和光合作用。当一片叶上有多个虫斑时，便可引起叶片早落。

1. 发生规律　该虫1年发生4～6代。以蛹在被害的落叶虫斑内越冬。翌年苹果发芽时越冬代成虫羽化，展叶后产卵于叶片背面，单粒散产。卵期7～10天，幼虫孵化后从卵壳下直接钻入叶片内潜食叶肉，致使叶背面被害部位仅剩下表皮，叶正面表皮逐渐鼓起皱缩，表面有透明状细斑点，最后虫斑变成泡囊状。幼虫取食后逐渐长大，老熟后在斑内化蛹。成虫羽化时，蛹壳一半露在斑外。8月份是全年的大发生时期，如果防控不当，便可引起大量落叶。

2. 防治方法

（1）**农业防治**　冬、春季节彻底清园，扫净树下和果园附近的苹果落叶，焚烧或深埋，可有效杀死越冬蛹。

（2）**物理防治**　用金纹细蛾性诱剂诱杀雄成虫，减少成虫交配概率和后代虫量。田间挂放水盆式或三角形诱捕器，诱芯1个月更新1次。同时，此法可以在成虫发生期进行测报，当田间诱蛾数量增加时，便可喷洒药剂防治成虫、卵和初孵幼虫。

（3）**化学防治**　重点抓第一、第二代卵和初孵幼虫防治。药剂可选用25%灭幼脲悬浮剂2 500倍液，或20%杀铃脲胶悬剂4 000～8 000倍液，或35%氯虫苯甲酰胺水分散粒剂6 000～8 000倍液，一定让叶片背面均匀着药。

（八）苹小卷叶蛾

苹小卷叶蛾又名远东苹果小卷叶蛾，俗名舔皮虫。初孵幼虫墨绿色，随身体长大体色逐渐变成黄色至绿色，老龄幼虫翠绿色，头及前胸背板淡黄褐色。主要危害苹果、桃、李、杏、樱桃等果树。以幼虫危害果树叶片、果实，通过吐丝结网将叶片卷在一起，幼虫在卷叶内取食叶肉。有时幼虫在叶与果、果与果相贴处啃食果皮，致使果面有小坑洼。

1. 发生规律　该虫自北向南1年发生2～4代。以2龄幼虫在果树裂缝、翘皮下、剪锯伤口等缝隙内以及黏附在树枝上的枯叶下结白色丝茧越冬。越冬幼虫于苹果树发芽时出蛰，先危害新梢、顶芽、嫩叶；幼虫吐丝将叶片缠缀在一起形成卷叶或卷苞。当卷叶受惊动时，幼虫会迅速爬出卷苞吐丝下垂。幼虫老熟后在卷叶内或果叶贴合处化蛹。成虫多于下午羽化，白天静伏在树上，夜间活动交尾，在光滑的果面或叶面上产卵。卵粒扁椭圆形，数粒排成一块，呈鱼鳞状。卵孵化后幼虫很快分散取食叶片和果实。

2. 防治方法

（1）**物理防治** ①幼果期套专用纸袋，阻碍害虫危害果实，因为塑膜袋能被幼虫咬破。生长期及时摘除虫苞，将苞内幼虫和蛹捏死。②利用性诱芯或糖醋液诱杀成虫。目前，国内有苹小卷叶蛾性诱芯在售，请按使用说明书进行操作，同时可以测报成虫发生期和数量，指导田间生物防治和化学防治。糖醋液的比例为糖∶酒∶醋∶水＝1∶1∶4∶16，每亩放置3～5个糖醋液罐，用发酵酿造醋配制的糖醋液诱虫效果较好。

（2）**生物防治** 田间释放赤眼蜂生物防治。在苹小卷叶蛾第一代成虫田间诱蛾高峰期过后3～5天，即为成虫产卵始期，遇晴天立即开始第一次放蜂，每隔5天放1次，连放3～4次，每亩放蜂10万头左右。

（3）**化学防治** 发生虫量大的果园，于越冬幼虫出蛰前后及第一代初孵幼虫阶段，结合防治金纹细蛾，树上一起喷洒杀虫剂，可选用2.5%高效氯氟氰菊酯乳油3000倍液＋1.8%阿维菌素乳油5000倍液，或25%灭幼脲悬浮剂2500倍液，或1.8%阿维菌素乳油4000倍液，或1%甲氨基阿维菌素苯甲酸盐乳油2000倍液进行叶面喷雾。

（九）顶梢卷叶蛾

顶梢卷叶蛾又名顶芽卷叶蛾，主要危害苹果、梨、桃、海棠、花红、枇杷等果树。以幼虫危害苹果嫩梢顶端，幼虫吐丝将几片嫩叶缠缀成虫苞，平时藏身在苞内，仅在取食时身体露出苞外。后期虫苞干枯，常残存不落，极易识别。老熟幼虫身体淡黄色，头、前胸背板、胸足均为黑色，体长8～10毫米。

1. 发生规律　在我国由北至南1年发生2～4代，以2～3龄幼虫在枝梢顶端的卷叶中结茧越冬。翌年早春苹果花芽展开时，越冬幼虫出蛰转移到附近的新梢嫩叶上，吐丝做苞，啃食附近幼芽、花蕾，以嫩梢受害最重。幼虫老熟后在虫苞内化蛹，10天以后羽化为成虫。成虫夜间活动，有弱趋光性，喜糖蜜，卵主要散产在新生枝梢的叶片背面。卵期7～10天，孵出的幼虫直接危害顶芽。末代幼虫于11月份在枝梢上结茧越冬。

2. 防治方法

（1）农业防治　①灭杀虫苞。结合冬季修剪，剪除越冬虫苞，集中烧毁或深埋。②在生长季节，看到顶梢卷成一团的叶片，用手捏死其内的幼虫或蛹。此方法可以很好地防治顶梢卷叶蛾。

（2）化学防治　发生初期，结合防治金纹细蛾和苹小卷叶蛾一起喷药防治，选用的杀虫剂同上述2种害虫。

（十）桃小食心虫

桃小食心虫简称"桃小"，又名桃蛀果蛾，俗称"钻心虫"。主要危害苹果、枣、山楂、杏、木瓜等果树的果实。以幼虫在果实内蛀食危害，被害果内充满虫粪，果实提前着色、成熟和脱落，严重影响果品产量和品质。

成虫身体灰色，前翅前缘中部有一蓝黑色三角形大斑，后翅灰白色。老熟幼虫体长13～16毫米，桃红色，头褐色。卵椭圆形，深红色，卵壳顶部环生2～3圈"Y"形毛刺。蛹体长6～8毫米，淡黄色至褐色，外包一层土黄色丝质茧。茧有两种，即冬茧和夏茧，冬茧扁圆形，茧丝紧密；夏茧纺锤形，质地疏松。

1. 发生规律　在我国北方果区1年发生1～2代，南方3代。以老熟幼虫在1～15厘米深的土层中结冬茧越冬。翌年4～5月份，降雨或果园浇水后，幼虫开始破茧出土做夏茧化蛹。越冬幼虫出土时间的早晚、数量多少与此时的降雨和浇水关系密切，只要土壤温、湿度合适，幼虫便出土化蛹。随着气候变暖和果园灌溉条件改善，近几年越冬代成虫发生期提前。2016 年，烟台苹果园桃小食心虫的成虫发生期提前至 5 月下旬，发生代数增加为 2 代。成虫白天潜伏于树上及草丛中，日落后开始活动交尾。成虫产卵于苹果萼洼处，单个散产。卵期 6～8 天，幼虫孵出后多从苹果中部蛀入果实内，由果皮逐渐向内潜食至果核，排泄的粪便堆积在果心内，呈豆沙馅状。幼虫期 15～20 天，老熟后从果实内钻出（脱果）落入土壤内结茧，果面上留下 1 个圆形脱果孔。东北和西北 1 代区的幼虫入土后便进入越冬状态，山东、陕西、河北、河南等 2～3 代区第一代幼虫入土后化蛹，经 7～10 天羽化为下一代成虫，继续上树产卵，孵化幼虫危害果实。待秋季果实成熟后，老熟幼虫脱果入土化蛹。

2. 防治方法

（1）农业防治 ①田间及时捡拾落果，集中处理，防止老熟幼虫从果内爬入土壤内。②越冬成虫发生前，树下覆盖地膜或地布，阻碍成虫出来上树产卵。

（2）物理防治 苹果小幼果期套袋保护，阻止桃小产卵于果实上。

（3）生物防治 桃小食心虫的寄生性天敌有昆虫病原线虫、白僵菌。4～9 月份，当桃小食心虫幼虫栖居在土壤时，可利用昆虫病原线虫或白僵菌悬浮液喷洒或浇灌树冠下的土壤，使其寄生桃小幼虫和蛹。目前，现代化果园都实施了喷灌和滴灌技术，可把昆虫病原线虫通过这种方式自动施入田间，节省人力，提高了功效。

（4）化学防治 由于桃小食心虫幼虫孵化后很快钻入果实内危害，一旦进入果实很难用药防治。所以，喷药前必须做好虫情测报，可采用性诱芯诱蛾确定成虫发生期。自 5 月中旬，田间开始悬挂桃小食心虫性诱芯，当田间连续 3 天诱到越冬代成虫时，即进行树上喷药防治，1 周后再喷洒第二次药。第二代虫防治则根据诱蛾高峰期，一般在高峰期第二天即喷药防治。选用具有杀卵和初孵幼虫作用的杀虫剂，如2.5%溴氰菊酯乳油2000倍液，或35%氯虫苯甲酰胺水分散粒剂6000～8000倍液，或20%甲维·氟虫双酰胺水分散粒剂2000～3000倍液，或15%氯虫苯甲酰胺·高效氯氟氰菊酯微囊悬浮剂4000～5000倍液。

（十一）棉 铃 虫

棉铃虫是一种食性很杂的害虫，可危害棉花、玉米、番茄、辣椒、苹果等多种植物。以幼虫取食危害苹果幼果，形成大孔洞，可造成烂果或落果；果实膨大后，棉铃虫只取食果实浅表层，被害果面出现坑洼，雨季常诱发病菌侵染而腐烂。

1. 发生规律　棉铃虫在山东1年发生4代，以蛹在苹果树根际土壤内越冬，也可在附近棉田、玉米田、菜田越冬。翌年4月中下旬越冬代成虫开始羽化，5月上中旬为羽化盛期。成虫昼伏夜出，具有强趋光性。5月中下旬幼虫危害苹果幼果，并有转果危害习性。6月中旬为第一代成虫发生盛期，第一代幼虫继续危害苹果。对于套袋苹果，棉铃虫2～4代虫多转移到附近农田或蔬菜田危害，少量虫留在果园危害套袋遗漏的果实。

2. 防治方法

（1）**物理防治**　越冬代和第一代成虫发生期，采用黑光灯诱杀成虫。

（2）**化学防治**　在第一、第二代卵孵化盛期及2龄幼虫未蛀果前喷药防治，药剂选用2.5%高效氯氟氰菊酯乳油2000～3000倍液，或2.5%溴氰菊酯乳油2000倍液喷雾，1周内连续喷洒2次。也可喷洒15%氯虫苯甲酰胺·高效氯氟氰菊酯微囊悬浮剂4000～5000倍液。

（十二）舟形毛虫

舟形毛虫又名苹果舟形毛虫、苹掌舟蛾，俗名秋黏虫。老熟幼虫体长约50毫米，头黑色有光泽，胸部背面紫褐色，腹面紫红色，体两侧各有黄色至橙黄色纵条纹 3 条，各体节上生有黄色长毛丛。幼虫静止时常头尾两端翘起似叶舟，故名舟形毛虫。

主要危害苹果、梨、桃、李、杏、梅、山楂、核桃、板栗等果树。低龄幼虫群集叶片背面，将叶片食成半透明纱网状。高龄幼虫分散开蚕食叶片，仅剩叶脉和叶柄。虫量多时，可将全树叶片吃光。

1. 发生规律　舟形毛虫 1 年发生 1 代，以蛹在果树根部附近的土层内越冬。翌年 7 月上旬至 8 月上旬羽化为成虫，成虫白天隐蔽在树叶或杂草中，晚上活动交尾，有趋光性。成虫多产卵于叶片背面，几十粒排成 1 个卵块。初孵幼虫群集一起排列整齐，头朝同一方向，白天多静伏休息，早、晚取食。幼虫受震动可吐丝下垂，但仍可沿吐丝爬回原来位置继续取食危害。幼虫期发生在 8～9 月份，故又称"秋黏虫"。9 月下旬至 10 月上旬，老熟幼虫入土化蛹越冬。

2. 防治方法

（1）农业防治　该虫常聚集危害，在田间一旦发现幼虫，及时摘除灭杀。

（2）物理防治　因为舟形毛虫的成虫具强烈的趋光性，所以可在 7～8 月份成虫羽化期设置黑光灯诱杀。

（3）化学防治　该虫抗药性差，可在田间防治卷叶蛾、潜叶蛾、食心虫时喷药兼治。该虫数量较大时再进行专门喷药防治，尽量在低龄幼虫期喷药，选用的杀虫剂有 20% 氰戊菊酯乳油 2 000 倍液，或 2.5% 溴氰菊酯乳油 2 000 倍液，可快速防治下去。对于有机和绿色果品生产园，可树上喷洒含活孢子 100 亿 / 克的青虫菌粉 800 倍液，或苏云金杆菌乳剂（100 亿个芽孢 / 毫升）1 000 倍液。

（十三）黑 蚱 蝉

黑蚱蝉俗名知了、知了猴、麻肚了，可危害多种果树、林木。成虫体长45毫米左右，黑色有光泽，翅透明，翅基部黑色，翅脉黄褐色。老熟若虫黄褐色，有光泽，具翅芽，前足发达，有齿刺。雌成虫于7～8月份在当年生枝梢上刺穴产卵，造成斜线状裂口，导致上部枝梢干枯死亡。

1. 发生规律　4～5年发生1代，以卵和若虫分别在被害枝内和土壤中越冬。越冬卵于6月中下旬开始孵化，初孵若虫入土。夏季日平均气温达22℃以上，老龄若虫于夜晚从土壤中爬出地面，顺树干爬行，当晚蜕皮羽化出成虫。雌成虫7～8月份先刺吸树木汁液，进行一段补充营养，之后交尾产卵于嫩梢。产卵孔排列成一长串，每卵孔内有乳白色纺锤形卵5～8粒。产卵部位以上枝梢很快枯萎。

2. 防治方法

（1）**农业防治**　夏、秋季剪除产卵枯梢，冬季结合修剪，再彻底剪除产卵枝条，集中烧毁。

（2）**物理防治**　老熟若虫出土期，在树干下部缠一道表面光滑的宽胶带，拦截出土上树羽化的若虫，夜间进行捕捉消灭。成虫发生期，也可于夜间在果园空闲地方点火，摇动树干，诱集成虫扑火自焚。

（十四）桑 天 牛

桑天牛又名粒肩天牛，分布于全国。成虫体长26～51毫米，宽10～15毫米，黑褐色，体表密生青棕色或棕黄色绒毛，触角丝状，前胸背板两侧刺突粗壮，鞘翅基部密布黑色光亮的颗粒状突起。老熟幼虫体长60～80毫米，圆筒形，乳白色，头黄褐色。

该天牛不仅危害苹果，还可危害杨树、柳树、榆树、刺槐、桑树等多种林木，苹果园附近如果栽有上述树木，可加重天牛对苹果树的危害。桑天牛以成虫咬食嫩枝皮和叶，幼虫蛀食枝干，隔一定距离向外蛀一个小孔，用于通气和排出粪屑，严重削弱树势，重者导致枝枯树死。

1. 发生规律　桑天牛在北方果区 2 年发生 1 代，长江以南 1 年 1 代。以幼虫在危害的枝干内越冬，苹果芽萌动后开始活动取食危害，落叶时进入休眠越冬。北方幼虫经过 2 个冬天，于 6～7 月份老熟，在隧道内化蛹。蛹期 15～25 天，成虫羽化后在树干上咬羽化孔钻出，7～8 月份为田间成虫发生期。成虫喜好在 2～4 年生、直径 10～15 毫米的枝上产卵。先将树皮咬成"U"形伤口，然后产卵于其中，单粒散产。卵期 10～15 天，幼虫孵出后即蛀食枝干，逐渐由外向内、自上向下钻蛀。前期在枝干内每蛀 5～6 厘米长便向外蛀 1 个排粪孔，随虫体增大排粪孔间距离加大。低龄幼虫粪便红褐色细绳状，大龄幼虫的粪便为锯屑状。幼虫一生可蛀隧道长达 2 米左右，隧道内无粪便与木屑。

2. 防治方法

（1）农业防治　①结合日常修剪管理，发现虫枝及时剪除处理，灭杀幼虫。②成虫产卵期，仔细检查 2～4 年生枝干上的产卵刻槽，挖除卵和初孵化幼虫。③对于钻入枝干的幼虫，找到新鲜排粪孔用细铁丝插入，向下刺到隧道端，反复几次可刺死里面的幼虫。

（2）生物防治　在天牛中老龄幼虫至蛹期，田间释放花绒寄甲成虫或卵，可有效生物控制天牛。

（3）化学防治　①7～8 月份桑天牛成虫活动期，在苹果枝干上喷施 5% 溴氰菊酯微胶囊剂 2 000 倍液，或 2.5% 溴氰菊酯乳油 1 000 倍液。②初龄幼虫可用敌敌畏或杀螟硫磷等乳油 10～20 倍液，涂抹产卵刻槽杀虫效果很好。③蛀入木质部的幼虫可从新鲜排粪孔注入药液，如 50% 辛硫磷乳油 10～20 倍液或上述药剂，每孔注射 10 毫升，然后用湿泥封孔，杀虫效果良好。

（十五）铜绿丽金龟

铜绿丽金龟又名铜绿金龟子，俗名铜克螂，幼虫被称为蛴螬。成虫身体长椭圆形，体长约 1.5 厘米。全身铜绿色，有闪亮光泽，鞘翅上有4条纵脉，翅面布满细密刻点。老熟幼虫体长30～33毫米，乳白色，头黄褐色，静止时虫体呈"C"形弯曲。该金龟子食性很杂，成虫夜间取食苹果、核桃、桃、李、杏、海棠、梨、樱桃、板栗等果树叶片，把叶片吃成缺刻或食光，特别是对果苗和幼龄果树危害严重。幼虫取食危害果树根系、花生荚果、马铃薯块茎等。

1. 发生规律 该虫在北方1年发生1代，以老熟幼虫（蛴螬）在土壤内越冬。翌年春季升温后，幼虫活动取食危害果苗及杂草的根系、马铃薯块茎。然后于土壤内做土穴化蛹，成虫一般于5月中旬羽化，6月初成虫开始出土。在山东省中部，6月中旬至7月上旬是铜绿丽金龟成虫上树危害高峰期。成虫白天隐伏于灌木丛、草皮中或树冠下3～6厘米表土层内，黄昏时出土，然后飞到果树上取食叶片，并进行交尾，闷热无雨的夜晚活动最盛。成虫有假死习性和强烈的趋光性。成虫出土后10天左右开始产卵，卵多散产在3～10厘米深疏松土壤中。幼虫孵出后在土壤中取食花生荚果、马铃薯块、果树细根等。

2. 防治方法

（1）**农业防治** 成虫夜间上树取食、交尾期间，人工捕杀成虫。秋、冬季节翻耕土壤，使幼虫裸露土表冻晒而死。猪、牛、鸡粪等厩肥，必须经过充分腐熟后方可施用。

（2）**物理防治** 利用成虫的趋光性，成虫发生期于果园外面设置黑光灯或频振杀虫灯（1盏/20亩）诱杀成虫。或把杀虫灯放置在喷药池、鱼塘上方。

（3）**生物防治** 在春季和秋季的幼虫发生期，地面喷洒或浇灌昆虫病原线虫悬浮液，每亩含线虫1亿～3亿条，使其寄生于土壤内的幼虫体内。

第四章
梨主要病虫害防治

一、主要病害

（一）梨锈病

梨锈病又称赤星病，俗名羊胡子。全国各梨产区普遍发生，还侵害苹果、海棠、杜梨、山楂等果树。

1. 发病症状　梨锈病主要危害叶片、果实、叶柄和果柄。病菌侵害叶片后，叶片正面出现橙色近圆形病斑，病斑略凹陷，斑上密生黄色针头状小点，叶背面病斑略突起，后期长出黄褐色毛状物。果实和果柄上的症状与叶背症状相似，幼果发病能造成果实畸形和早落。

2. 发病特点　病菌以多年生菌丝体在桧柏类植物的发病部位越冬，春天形成冬孢子角，冬孢子角在梨树发芽展叶期吸水膨胀，萌发产生担孢子，随风传播到梨树上造成侵染危害。桧柏类植物的多少和远近是影响梨锈病发生的重要因素，越多和越近发病就越严重。在梨树发芽展叶期，多雨有利于冬孢子角的吸水膨胀和冬孢子的萌发、担孢子的形成，刮风有利于担孢子的传播。白梨和砂梨系的品种都感病，西洋梨较抗病。

3. 防治方法

（1）**农业防治**　①彻底铲除梨园周围 5 000 米以内的桧柏类

植物是防治梨锈病的最根本方法。②对不能砍除的桧柏类植物要在春季冬孢子萌发前及时剪除病枝并销毁，或喷洒1次石硫合剂，消灭桧柏上的越冬病原菌。

（2）**化学防治**　梨树萌芽期喷洒第一次药剂，以后每隔10天左右喷洒1次，共喷洒2～3次。选用药剂为65%代森锌可湿性粉剂400～600倍液，或20%三唑酮乳油1500倍液，或12.5%腈菌唑可湿性粉剂2000～3000倍液。

（二）梨黑星病

梨黑星病又叫疮痂病，是我国梨区发生和危害较重的病害之一。

1. 发病症状　该病害主要危害果实、果梗、叶片、嫩梢、叶柄、芽和花等。在叶片上最初表现为近圆形或不规则形、淡黄色病斑，一般沿叶脉的病斑较长，随病情发展在叶背面沿支脉病斑上长出黑色霉层。发生严重时，多个病斑连成一片，致使整个叶片背面布满黑霉，造成落叶。在新梢上是从基部开始形成病斑，初期为褐色，随病斑扩大，病斑上产生一层黑色霉层，病疤凹陷、龟裂，发生严重可导致新梢枯死。果实发病最初为黄色近圆形的病斑，病斑大小不等，病健部界限清晰，随病斑扩大，病斑凹陷并在其上形成黑色霉层。处于发育期的果实发病，因病部组织木栓化而在果实上形成龟裂的疮痂，从而造成果实畸形。

2. 发病特点　病菌在梨芽鳞片、病果、病叶和病梢上或以未成熟的子囊壳在落地病叶中越冬。春季由病芽抽生的新梢、花器官先发病，成为感染中心，靠风雨传播给附近的叶片、果实等。梨黑星病菌一年中可以多次侵染，高温、多湿是发病的有利条件。华北地区4月下旬开始发病，7～8月份为发病盛期。另外，树冠郁闭、通风透光不良、树势衰弱，或地势低洼的梨园发病严重。梨品种间抗病性有差异，中国梨最易感病，日本梨次之，西洋梨较抗病。

3. 防治方法

（1）**农业防治** ①梨黑星病高发地区，注意选择抗病品种栽植。合理密植与修剪，改善梨园通风透光条件。注意增施有机肥和微肥，避免偏施氮肥造成枝条徒长。②新梢开始生长期，发现病梢及时剪除，集中起来焚烧，控制病害扩展。

（2）**物理防治** 对梨果实套袋，阻隔病菌侵染。

（3）**化学防治** 结合降雨情况，从发病初期开始，每隔10～15天喷洒1次杀菌剂。常用药剂有1∶2∶240（硫酸铜∶生石灰∶水）波尔多液，或50%多菌灵可湿性粉剂600～800倍液，或70%甲基硫菌灵可湿性粉剂800倍液，或40%氟硅唑乳剂4 000～5 000倍液，或80%代森锰锌可湿性粉剂800倍液，或12.5%烯唑醇可湿性粉剂2 000倍液等。波尔多液与其他杀菌剂交替使用防治效果最好。

（三）梨黑斑病

梨黑斑病是梨树的主要叶部病害之一，在国内梨树上普遍发生危害。

1. 发病症状 梨黑斑病主要危害梨叶，在叶片上的单个病斑呈圆形。严重发生时多个病斑相连在一起成不规则形，有清晰的褐色边缘，之后从病斑中心起渐变成白色至灰色，边缘仍为褐色，叶功能丧失，可造成提前落叶。后期病斑上密生黑色小粒点，此为病原菌的分生孢子器。

2. 发病特点 该病害的病原菌在落地病叶上越冬，春天形成分生孢子或子囊孢子，借风雨传播造成初侵染。初侵染的病斑上形成的分生孢子进行再侵染，再侵染的次数与降雨的多少和持续时间呈正相关，5～7月份阴雨潮湿有利于发生梨黑斑病。一般在6月中旬前后田间开始发病，7～8月份进入发病盛期。地势低洼潮湿的梨园发病重，修剪不当、通风透光不良和交叉郁闭严重的梨园发病重，在品种上以白梨系的雪花梨发病最重。

3. 防治方法

（1）**农业防治**　①冬季集中清理园内落叶，烧毁或深埋，以减少越冬病原菌。②加强肥水管理，多施有机肥，少施氮肥。③合理修剪，避免枝叶郁闭，低洼果园注意及时排涝，降低果园湿度。

（2）**化学防治**　梨树生长期，结合防治梨轮纹病和黑星病喷洒杀菌剂。药剂可选用1∶2∶200波尔多液，或25%戊唑醇乳剂2 000倍液，或70%甲基硫菌灵可湿性粉剂800倍液，或50%异菌脲可湿性粉剂1 500倍液，或80%代森锰锌可湿性粉剂800倍液，上述药剂之间要交替使用，避免产生抗药性。

（四）梨轮纹病

梨轮纹病又称粗皮病，在全国各梨产区均有发生。

1. 发病症状　该病菌可侵染危害枝干、果实和叶片。在枝干上通常以皮孔为中心形成深褐色病斑，单个病斑圆形，直径5～15毫米，初期病斑略隆起，后期病斑边缘下陷，从病健交界处裂开。在果实上一般在近成熟期发病，初期症状为以皮孔为中心的水渍状褐色圆形斑点，后期病斑逐渐扩大呈深褐色并生有明显的同心轮纹，病果很快腐烂。

2. 发病特点　病菌主要在发病枝干上越冬。翌年春季从病斑上产生孢子，借雨水传播到枝干、果实和叶片进行侵染危害。梨轮纹病菌在枝干和果实上有潜伏侵染的特性，尤其在果实上很多都是早期侵染，成熟期发病，其潜育期的长短主要受果实发育和温度的影响。发生与降雨有关，一般落花后每一次降雨，即有一次侵染，因此多雨天气发病严重；也与树势有关，一般管理粗放、树体生长势弱的树发病较重。

3. 防治方法

（1）**农业防治**　加强栽培管理，增强树势，提高抗病能力。彻底清洁梨园，春季刮除粗皮，集中烧毁，消灭越冬病原。

（2）**物理防治**　果实套袋，阻碍病菌侵染果实。套袋前喷洒

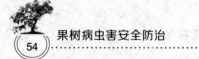

1次高效氯氰菊酯＋甲基硫菌灵＋氨基酸钙混合液，药液干后立即套袋。

（3）**化学防治** ①春季发芽前刮除病斑后，全树均匀喷洒40％氟硅唑乳油2 000～3 000倍液。②谢花后每15天左右喷1次杀菌剂，有效药剂为50％多菌灵可湿性粉剂600～800倍液，或70％甲基硫菌灵可湿性粉剂800倍液，或40％氟硅唑乳油4 000～5 000倍液，或80％代森锰锌可湿性粉剂800倍液等，应与石灰倍量式波尔多液交替使用。

（五）梨黄叶病（缺铁）

梨黄叶病属于生理性病害，在其他果树上也普遍发生。

1. 发病症状 发病症状都是先从新梢叶片开始出现，叶色由淡绿变成黄色，仅叶脉保持绿色。严重发生时，整个叶片呈黄白色，在叶缘形成焦枯坏死斑。发病新梢枝条细弱，节间延长，腋芽不充实。最终造成树势下降，发病枝条不充实，抗寒性和萌芽率降低。

2. 发病特点 形成这种黄化的原因是缺铁，因此又称为缺铁性黄叶。该病害以东部沿海地区和内陆低洼盐碱区发生较重，往往是成片发生。梨树从幼苗到成年的各个阶段都可发生。

3. 防治方法 ①改土施肥。在盐碱地定植梨树除大坑定植外，还应进行改土施肥，具体方法是从定植的当年开始，每年秋天挖沟，将土杂肥和杂草、树叶、秸秆等加上适量的碳酸氢铵和过磷酸钙混合后回填。第一年改良株间的土壤，第二年沿行间从一侧开沟，第三年改造另一侧。②平衡施肥，尤其要注意增施磷钾肥、有机肥、微肥。③叶面喷施硫酸亚铁300倍液。根据叶片黄化程度，每隔7～10天喷1次，连喷2～3次。也可根据历年黄化发生的程度，对重病株芽前喷施硫酸亚铁80～100倍液。

二、主要虫害

（一）梨 木 虱

梨木虱是当前梨树的最主要害虫。可危害梨树、杜梨，以成、若虫刺吸梨芽、叶、嫩枝梢汁液致使生长不良，同时虫体分泌黏液，诱发煤污病，叶片出现褐斑而造成早期脱落，污染果实影响外观品质。

1. 发生规律　在河北、山东 1 年发生 4～6 代。以冬型成虫在落叶、杂草、土石缝隙及树皮缝内越冬，在早春 2～3 月份出蛰，3 月中旬为出蛰盛期。在梨树发芽前即开始产卵于枝叶痕处，发芽展叶期将卵产于幼嫩组织茸毛内、叶缘锯齿间、叶片主脉沟内等处。若虫多群集危害，有分泌黏液的习性，在黏液中取食。直接危害盛期为 6～7 月份，此时世代交替。7～8 月份雨季，由于梨木虱分泌的黏液诱发煤污病，致使叶片产生褐斑并霉变坏死，引起早期落叶，造成严重间接危害。

2. 防治方法

（1）农业防治　早春萌芽前，清除树下枯枝落叶和杂草并集中深埋，刮老翘皮，消灭越冬成虫。

（2）化学防治　①在 3 月中旬越冬成虫出蛰盛期，树上喷洒拟除虫菊酯类杀虫剂 1 500～2 000 倍液，控制出蛰成虫基数。②梨树落花 80%～90% 时，即第一代若虫集中孵化期，也就是梨木虱防治的最关键时期，用 24% 螺虫乙酯悬浮剂 5 000 倍液，或 10% 吡虫啉可湿性粉剂 3 000 倍液，或 1.8% 阿维菌素乳油 2 000～3 000 倍液均匀喷洒枝叶。

对于梨木虱危害严重的梨园，在上述药液内加入洗衣粉、有机硅等助剂可以提高药效。

（二）梨二叉蚜

梨二叉蚜又名梨蚜，是梨树的一种主要害虫。以成虫、若虫群居叶片正面危害，受害叶片向正面纵向卷曲呈筒状，被蚜虫危害后的叶片大都不能再伸展开，易脱落，还容易招引梨木虱潜入危害。蚜虫发生严重时常造成早期大量落叶，影响树势。

1. 发生规律　梨二叉蚜1年发生10多代，以卵在梨树芽腋或小枝裂缝中越冬，翌年梨花萌动时卵孵化为若蚜，群集在露白的芽上危害，展叶期集中到嫩叶正面危害并繁殖，5～6月份转移到其他寄主上危害。秋季9～10月份产生有翅蚜再返回到梨树上危害，11月份产生有性蚜，交尾产卵于枝条皮缝和芽腋间越冬。北方果区春、秋两季于梨树上繁殖危害，并以春季危害最重。

2. 防治方法　春季花芽萌动后，初孵若虫群集在梨芽上危害或群集叶面危害尚未卷叶时喷药防治，可以压低春季虫口基数并控制前期危害，有效药剂为10%吡虫啉可湿性粉剂3 000倍液，或20%氰戊菊酯乳油2 000～3 000倍液，或2.5%高效氯氟氰菊酯乳油药剂3 000倍液，或3%啶虫脒乳油1 500倍液等。之后可与防治梨木虱一起进行。

（三）梨黄粉蚜

梨黄粉蚜俗称梨黄粉虫，以成虫、若虫群集于果实萼洼处刺吸危害，被害部位初期变黄并稍微凹陷，后期逐渐变黑和表皮硬化，龟裂成大黑疤，严重时导致落果。有时该蚜虫也刺吸枝干嫩皮汁液。

1. 发生规律　1年发生8～10代，以卵在果苔、树皮裂缝、老翘皮下、枝干上的附着物上越冬，春季梨开花时卵孵化，若蚜在越冬部位的翘皮下嫩皮处刺吸汁液，并繁殖后代。6月中旬开始向果实上转移，7月份集中于果实萼洼处取食危害。8月中旬果实近成熟期，危害更为严重。8～9月份出现有性蚜，雌、雄交尾后陆续转移到果苔、裂缝等处产卵越冬。梨黄粉蚜喜欢阴暗潮湿环境，套袋果实上适合其生存。天气持续降雨不利于该虫的发生，而温暖干旱对其发生有利。黄粉蚜近距离主要靠人工传播，远距离靠苗木和梨果调运传播。

2. 防治方法

（1）农业防治　冬季刮除粗皮和树体上的残留物，清洁枝干裂缝，以消灭越冬卵；及时清理落地的果袋，尽量烧毁或深埋；剪除秋梢，秋、冬季树干刷白涂剂。

（2）化学防治　①梨芽萌动前，用5波美度石硫合剂均匀喷洒枝干，可大量杀死黄粉蚜越冬卵。②4月下旬至5月上旬，黄粉蚜陆续出蛰转枝，但此期也是大量天敌上树之时，慎重选用杀虫剂，最好用选择性杀虫剂50%抗蚜威水分散粒剂3 000倍液。③5月中下旬果实套袋前，可喷洒2.5%溴氰菊酯乳油2 000倍液，或10%吡虫啉可湿性粉剂3 000倍液。套袋后可与防治梨木虱、梨蚜一起进行。

（四）梨小食心虫

又名梨小蛀果蛾，简称"梨小"。是桃、苹果、梨、李、樱桃等果树上的重要害虫，特别是苹果、梨、桃混植果园危害更重。以幼虫蛀食新梢和果实，在梨树上主要危害果实，蛀果幼虫取食果肉，从蛀入孔排出虫粪，遇雨虫孔周围腐烂。

1. 发生规律　由北向南1年发生3～5代，以老龄幼虫在枝干翘皮下和根颈处、堆果场周围结灰白色薄丝茧越冬。成虫傍晚活动，对糖醋液、黑光灯和雌性激素有很强的趋性。梨小食心虫有转移寄主的习性，1～2代虫主要危害桃、李、樱桃等核果类果树嫩梢和幼果，6月末、7月初转移危害苹果、梨果实。梨小食心虫的成虫产卵在桃梢叶片和寄主果实上，孵化后幼虫直接蛀入危害。

2. 防治方法

（1）**农业防治** 梨树休眠季节，刮除树干和主枝上的翘皮，消灭在树皮缝隙内越冬的梨小食心虫幼虫；同时清扫果园中的枯枝落叶，集中烧掉或深埋于树下，消灭其内的越冬幼虫。建园时尽量不让苹果、梨与桃树混植，避免寄主间转移危害。

（2）**物理防治** 在成虫发生期，利用成虫对糖醋液、梨小食心虫性外激素有强烈趋性的习性，进行测报和诱杀。一般每亩地挂糖醋液罐或诱芯 5～10 个。

（3）**化学防治** 化学防治的关键时期是各代的卵高峰期和幼虫孵化期。最好用糖醋液或性外激素诱捕器预测成虫发生期指导化学防治。当诱捕器上出现成虫高峰期后 2～4 天即为卵高峰期和幼虫孵化始期，此时喷药效果最好。常用药剂有 35% 氯虫苯甲酰胺水分散粒剂 7 000 倍液，或 2.5% 溴氰菊酯乳油或 20% 氰戊菊酯乳油 3 000 倍液，或 25% 灭幼脲 3 号胶悬剂 1 500 倍液。

（五）梨大食心虫

梨大食心虫又称梨云翅斑螟，简称"梨大"，俗名"吊死鬼""黑钻眼"。可危害梨、苹果、沙果、桃等果树，在全国各梨产区普遍发生。以幼虫蛀食梨的果实和花芽。越冬幼虫从芽基部蛀入，直达芽心，蛀入孔里有黑褐色粉状粪便，有丝缀连，此芽暂不死，至花序分离期芽鳞片仍不落，开花后花朵全部凋萎。果实被害，受害果孔有虫粪堆积，转果危害，最后一个被害果的果柄基部有丝与果苔相缠，被害果变黑，枯干在树上至冬季不落。越冬幼虫体长约 3 毫米，紫褐色。老熟幼虫体长 17～20 毫米，暗绿色。

1. 发生规律 梨大食心虫在东北 1 年发生 1 代，在华北地区 1 年发生 2 代，华中地区 2～3 代，均以幼虫在芽内结茧越冬。花芽前后，开始从越冬芽中爬出，转移到新芽上蛀食，称"出蛰转芽"。被害新芽大多数暂时不死，继续生长发育，至开花前后，幼虫已蛀入果苔中央，输导组织遭到严重破坏，花序开始萎蔫，不久又转移到幼果上蛀食，称"转果期"。幼虫可食害2～3个果，老熟后在最后那个被害果内化蛹。成虫羽化后，幼虫蛀入芽内危害（多数是花芽），芽干枯后又转移到新芽。一头幼虫可以危害2～3个芽，在最后那个被害芽内做茧越冬，此芽称"越冬虫芽"。部分幼虫危害一个芽后，转移到果上危害，也有的幼虫孵化后直接蛀果危害。成虫具有较强的趋光性。

2. 防治方法

（1）**农业防治** 结合冬剪，剪掉所有鳞片包被不紧的芽。开花前后，经常巡视，及时摘下萎蔫的花序和被害果，消灭其中的幼虫。

（2）**物理防治** 成虫发生期，利用黑光灯诱杀成虫。

（3）**化学防治** 在越冬幼虫出蛰转芽期、转果期、第一代卵盛期，树上喷洒2.5%溴氰菊酯乳油3 000倍液，或2.5%高效氯氟氰菊酯乳油3 000倍液。

（六）梨 实 蜂

梨实蜂又称切芽虫、花钻子等，主要危害梨树花萼和幼果，造成落果，严重影响产量。

1. 发生规律 梨实蜂1年发生1代，以老熟幼虫在梨园土壤中做茧过冬。翌春3月份化蛹，杏花开放时羽化为成虫飞出。成虫先在杏、李、樱桃上取食花蜜，梨树开花时飞到梨树上产卵。成虫有假死性，早晨和日落后不活泼，易振落。成虫产卵于在花萼上，被害花萼出现1个稍鼓起的小黑点，很像蝇粪，剖开后可见一个长椭圆形的白色虫卵。幼虫在花萼基部内环向串食，萼筒脱落之前转害新果实。有转果危害的习性，幼虫老熟后脱离果实钻入土壤中做茧越夏、越冬。梨树品种间受害程度不同，花期早的品种受害较重。

2. 防治方法

（1）**农业防治** 利用成虫的假死性，组织人力清晨在树冠下铺一块布单，然后振动枝干，使成虫跌落在布单上，集中消灭。花期和小幼果期，及时摘除树上虫花、虫果，捡拾树下落果，集中起来装在黑塑料袋内，扎紧袋口，放置在阳光下暴晒1周，即可杀死其内幼虫。

（2）**生物防治** 幼虫脱果期至8月上旬，用昆虫病原线虫悬浮液浇灌或喷洒梨园土壤1～2次，使其寄生梨实蜂老熟幼虫。

（3）**化学防治** 梨树初花期，树上喷洒2.5%高效氟氯氰菊酯乳油2 000倍液＋1.8%阿维菌素乳油3 000倍液，3天后再喷洒1次，可有效防治梨实蜂成虫和初孵幼虫。喷洒药剂会伤害蜜蜂，最好在傍晚喷药，避开蜜蜂活动期，保证蜜蜂在白天完成授粉。

（七）梨 茎 蜂

俗名折梢虫、截芽虫等，主要危害梨树，是危害梨树春梢的重要害虫。成虫产卵于新梢嫩皮下刚形成的木质部，从产卵点以上3～10毫米处锯掉春梢，幼虫于新梢内向下取食，致使受害部位枯死，形成黑褐色的干橛，影响幼树整形和树冠扩大。

1. 发生规律 梨茎蜂1年发生1代，以老熟幼虫及蛹在被害枝条内越冬。翌年3月上中旬在被害梢内化蛹，梨树开花时羽化成虫，天气晴朗的中午前后从羽化孔飞出。成虫白天活跃，飞翔于寄主枝梢间，早、晚及夜间停息于梨叶背面，阴雨天活动甚差。谢花时成虫开始产卵于新梢组织内，花后新梢大量抽出时进入产卵盛期，幼虫孵化后向下蛀食幼嫩木质部。梨茎蜂成虫有假死性和趋黄色习性，但不趋光和糖醋液。

2. 防治方法

（1）**农业防治** 田间管理和冬季修剪时剪除被害虫梢，集中烧毁可杀灭幼虫和蛹。

（2）**物理防治** 在成虫发生期，田间悬挂黄色黏虫板进行诱杀。

（3）**化学防治** 花后成虫发生高峰期，在新梢长至5～6厘米时，树上喷洒20%氰戊菊酯乳油2000倍液，或5%高效氯氰菊酯乳油1500～2000倍液，杀灭成虫。

（八）梨 网 蝽

梨网蝽俗名梨军配虫，危害梨、苹果、海棠、山楂、桃、李等多种果树和林木。以成虫、若虫群集叶片背面危害，吸食叶片汁液，被害叶正面形成苍白色斑点，叶片背面有褐色斑点状虫粪及分泌物，呈锈黄色，影响光合作用，严重时可导致早期落叶。

1. 发生规律 此虫在华北地区1年发生3～4代，以成虫在落叶、杂草、树皮缝和树下土块缝隙内越冬。春季梨树展叶时开始出蛰活动，产卵于叶片背面叶脉两侧的组织内，若虫孵化后群集在叶背面主脉两侧危害。由于成虫出蛰很不整齐，造成世代重叠，一年中7～8月份危害最严重，到10月中下旬，成虫开始寻找适宜场所越冬。

2. 防治方法

（1）**农业防治** ①诱杀成虫。9月份成虫下树越冬前，在树干上绑草把，诱集成虫越冬，然后解下草把集中烧毁。②刮除老皮。春季越冬成虫出蛰前，刮除老翘皮。清除果园杂草落叶，深翻树盘，可以消灭越冬成虫。

（2）**化学防治** 越冬成虫出蛰高峰及第一代若虫孵化高峰期及时喷药防治，结合防治梨木虱、蚜虫时一起进行，选用药剂相同。

（九）茶 翅 蝽

茶翅蝽在东北、华北、华东和西北地区均有分布，以成虫和若虫危害梨、苹果、桃、杏、李等果树及部分林木和农作物，近年来危害日趋严重。叶和梢被害后症状不明显，果实被害后被害处木栓化，变硬，发育停止而下陷，果肉微苦，严重时形成疙瘩梨或畸形果，失去经济价值。

1. 发生规律 此虫在北方 1 年发生 1 代，以成虫在果园附近建筑物上的缝隙、树洞、土缝、石缝等处越冬，北方果区一般 5 月上旬开始出蛰活动，6 月份始产卵于叶背，卵多集中成块。6 月中、下旬孵化为若虫，8 月中旬为成虫盛期，8 月下旬开始寻找越冬场所，到 10 月上旬为入蛰高峰。成虫或若虫受到惊扰或触动即分泌臭液，并逃逸。

2. 防治方法

（1）农业防治 在春季越冬成虫出蛰时和 9～10 月份成虫越冬时，在房屋的门窗缝、屋檐下、向阳背风处收集成虫；成虫产卵期，收集卵块和初孵若虫，集中销毁。

（2）物理防治 实行套袋栽培，自幼果期进行果实套袋，防止害虫刺吸危害。

（3）化学防治 在越冬成虫出蛰期和低龄若虫期喷药防治。药剂可选用 20% 氰戊菊酯乳油 2 000 倍液，或 5% 高氯·吡虫啉乳油 1 000～1 500 倍液，连喷 2～3 次，均能取得较好的防治效果。

（十）梨瘿蚊

梨瘿蚊又名梨蚜蛆。在我国南北方梨产区均有发生，以幼虫危害梨芽和嫩叶，在梨叶正面叶缘吸食汁液，使叶片皱缩、变脆，并纵向向内卷成紧筒状，叶肉组织增厚，变硬发脆，直至变黑，枯萎脱落。幼虫共 4 龄，长纺锤形，似蛆，1～2 龄幼虫无色透明，3 龄幼虫半透明，4 龄幼虫乳白色，渐变为橘红色。

1. 发生规律 1 年发生 2～3 代，以老熟幼虫在树干翘皮裂缝和树冠下 2～6 厘米深的表土层中越冬。翌年 3 月份化蛹出土，4 月上旬为越冬代成虫盛发期，成虫产卵于嫩叶上，多产在未展开的芽叶缝隙中，少数产在芽叶的表面上。卵孵化后幼虫吸取梨叶汁液，梨叶从叶外缘纵卷成筒状，幼虫经13天左右老熟，又入土化蛹。5月上旬、6月上旬分别发生第一代成虫、第二代成虫。梨树春梢和夏梢抽发期，是梨瘿蚊的发生危害盛期。

2. 防治方法

（1）**农业防治**　梨树落叶后，清洁梨园，耕翻土壤，使越冬幼虫裸露土表晒死。梨树生长期，及时摘除虫叶，集中烧毁。

（2）**化学防治**　①成虫羽化出土前（3月下旬至4月上旬），树冠下地面喷洒40%辛硫磷微胶囊剂600倍液，毒杀幼虫和成虫。②在越冬代和第一代成虫产卵盛期，用20%氰戊菊酯乳油2000倍液＋2%阿维菌素乳油3000倍液，杀灭卵和初孵幼虫。

第五章
葡萄主要病虫害防治

一、主要病害

(一)葡萄霜霉病

葡萄霜霉病是一种世界性的病害,在我国各葡萄产区普遍发生。

1. 发病症状 主要危害叶片,也危害果实、卷须等幼嫩组织。叶片发病初期,叶正面出现半透明、水渍状、边缘不清晰的黄色小斑点,后逐渐扩大为淡黄色至黄褐色多角形病斑,有时数个病斑连在一起,形成黄褐色干枯的大型病斑,空气潮湿时病斑背面产生白色霉状物,造成叶片早落。幼果感病,病斑近圆形、呈灰绿色,表面生有白色霉状物,后期霉斑变为褐色,果实皱缩脱落。

2. 发病特点 葡萄霜霉病由真菌引起。病原菌以卵孢子在落叶或随病残体于土壤中越冬。翌年春季,气温达11℃时卵孢子在小水滴中萌发,产生孢子由土壤扩散到空气中,借风雨传播,通过气孔侵染叶片和果实。该病多在夏初和立秋前后开始发生,8月中下旬为发病高峰期。降雨、潮湿结露、空气凉爽有利于霜霉病的发生与流行,地势低洼、植株过密、棚架低矮、偏施氮肥等也有利于该病害的发生与流行。

3. 防治方法

（1）**农业防治**　①选用高抗霜霉病葡萄品种建园。较抗霜霉病品种有摩尔多瓦、矢富罗莎、金星无核、香悦、蜜汁、维多利亚、贵妃玫瑰、高妻等。②搞好田园清洁。休眠期，彻底清除留在植株上的副梢、穗梗、卷须等，并把落于地面的叶片、果穗、残蔓等彻底清除，集中烧毁或深埋，以清除越冬病菌，降低病菌基数。③搞好田间管理，合理肥水，及时修剪，避雨栽培，以降低果园湿度，抑制发病。

（2）**化学防治**　抓住关键时期及时喷药防治。根据气象预报和田间温湿度记录，预测病害发生情况。在发病初期，开始喷药防治，有效药剂为1∶0.7∶200波尔多液，或80%三乙膦酸铝可湿性粉剂500倍液，或72%霜脲·锰锌可湿性粉剂600倍液，或25%嘧菌酯悬浮剂1 500倍液，或68.75%噁唑菌酮可湿性粉剂1 000倍液，或72%霜脲氰可湿性粉剂600倍液，或50%烯酰吗啉可湿性粉剂2 500倍液。

（二）葡萄灰霉病

葡萄灰霉病又叫葡萄灰腐病，俗称"烂花穗"。在南方和北方设施葡萄上发病较重。

1. 发病症状　主要危害葡萄花穗和果实，也危害叶片和新梢。花穗多在开花前发病，受害初期似被热水烫伤状，病组织暗褐色软腐，后期病部表面密生灰色霉层，花序萎蔫脱落。果实容易在近成熟期发病，开始产生淡褐色凹陷病斑，很快蔓延全果，导致果实腐烂，产生灰黑色霉。新梢和叶片发病，产生不规则的褐色病斑，病斑上有时出现不规则轮纹。葡萄果实贮藏期也容易发生灰霉病，受害浆果变色、腐烂，有时在果梗表面产生黑色菌核。

2. 发病特点　葡萄灰霉病由真菌引起。病菌随病残组织在土壤中或在枝蔓、病僵果上越冬。翌年春天条件适宜时，病菌产生分生孢子，通过气流传播到花序上，通过伤口、自然孔口及幼嫩组织侵入寄主，实现初侵染。田间发病的最适温度为20～23℃，空气相对湿度94%左右。因此，冷凉、高湿有利于发病。葡萄园通风不良、湿度大、昼夜温差大、偏施氮肥时葡萄易发生灰霉病。一年中有2次发病高峰期，第一次在开花前后，春季多雨和气温20℃左右、空气相对湿度超过95%达3天以上的年份均易流行灰霉病；第二次在果实着色至成熟期，如遇阴雨连绵、葡萄裂果，病菌从伤口侵入，导致果粒大量发病腐烂，减产非常严重。

另外，葡萄不同品种对灰霉病抗性水平不同，红加利亚、黑罕、黑大粒、奈加拉等为高抗品种；白香蕉、玫瑰香、葡萄园皇后等中度抗病；巨峰、洋红蜜、新玫瑰、白玫瑰、胜利等属于高感病品种。

3. 防治方法

（1）**农业防治**　在降雨次数多、量大的地区，选用抗病品种建园。实施起垄、高架栽培，多施有机肥，控施氮肥，采用避雨栽培，避免造成任何伤口，预防灰霉病害发生。塑料大棚要及时调温、通风，地膜覆盖与膜下浇水，用喷粉或熏烟方式施药，以控制棚内空气相对湿度在80%以下。

（2）**化学防治**　①花前10天及始花前1～2天是药剂防治的关键时期，有效药剂有50%腐霉利可湿性粉剂1 000倍液，或50%异菌脲悬浮剂750～1 000倍液，或20%吡噻菌胺可湿性粉剂1 500～2 000倍液，或40%嘧霉胺悬浮剂1 200倍液，或50%嘧菌环胺悬浮剂800倍液。②棚室栽培的葡萄在扣棚前，结合整地土壤喷洒50%福美双可湿性粉剂400倍液，或25%咪鲜胺乳油500倍液进行消毒。葡萄套袋前，用50%腐霉利可湿性粉剂800倍液喷洒果穗。③收获前，用噻菌灵900～1 350毫克/升药液喷雾于果穗，防治葡萄贮运期灰霉病。

（三）葡萄黑痘病

葡萄黑痘病又名疮痂病，俗称"鸟眼病"，是葡萄上的一种主要病害。

1. 发病症状　主要危害幼嫩部位、果实、果梗、叶片、叶柄、新梢等。果实发病初期为圆形深褐色小斑点，后逐渐扩大为直径2～5毫米、中央灰白色凹陷、外部为深褐色、边缘紫褐色的圆形病斑，看似"鸟眼"状。多个病斑可连接成大斑，后期病斑硬化或龟裂。病斑限于果皮，不深入果肉，空气潮湿时，病斑上出现乳白色的黏状物，为病菌的分生孢子团。叶片发病初期为针头大小的红褐色至黑褐色斑点，周围有黄色晕圈。后期病斑扩大呈圆形或不规则形，斑中央灰白色、稍凹陷，边缘有暗褐色或紫色晕圈，干燥时病斑自中央破裂穿孔。

2. 发病特点　葡萄黑痘病由真菌引起。病原菌在病果、病叶痕、病蔓、病梢等组织上越冬。春季产生分生孢子，借风雨传播。孢子发芽后，直接侵入幼果、幼叶或嫩梢，菌丝主要在表皮下蔓延并引起发病。以后在病部病菌产生分生孢子，通过风雨和昆虫传播，继续侵染幼嫩绿色组织，导致不断发病。分生孢子的形成需要25℃左右的温度和比较高的湿度，菌丝生长最适温度为30℃，所以6月中下旬至7月上旬为发病盛期，此期降雨大或连续降雨，容易导致该病害大发生。

另外，葡萄品种之间对黑痘病的抗性有差异。龙眼、无核白、大粒白、无籽露、无核黑、牛奶、保尔加尔、火焰无核、季米亚特、卡它库尔干葡萄抗病性差；莎芭珍珠、上等玫瑰香、纽约玫瑰、早生高墨、巨峰、黑奥林、先锋、红富士、康可、白香蕉、康拜尔、法国蓝、佳利酿、沙别拉维、巴米特、紫北塞、黑皮诺、贵人香、黑虎香抗病性较强。

3. 防治方法

（1）农业防治　①选用抗病品种建园，实施起垄、高架栽培。②彻底清洁果园，减少病菌来源。冬季葡萄落叶后修剪时，剪除病枝梢及残存的病果，清除果园内的枯枝、落叶、烂果等，然后集中销毁，再用铲除剂喷布树体及树干四周的地面。生长季节，发现病梢、病叶、病果等及时摘除投入沼气池。

（2）**化学防治**　开花前、后各喷1次50%嘧菌酯水分散粒剂2 000～3 500倍液。此后，每隔15天左右喷1次1∶1∶200波尔多液，可有效地控制黑痘病的发生与发展。

（四）葡萄白腐病

葡萄白腐病俗称水烂病，属真菌性病害。是田间造成果穗大量腐烂的一种主要病害。

1. 发病症状　该病主要危害果穗，也危害枝蔓和叶片。临近地面的果穗首先发病，受害果穗初期在穗轴或小果梗出现淡褐色不规则的水渍状病斑，并逐渐向果粒蔓延。后期，果粒全部变褐腐烂，腐烂果粒受震动后易脱落。多在果实进入着色期与成熟期发病，病果失水干缩后成深褐色僵果，挂在枝上经冬不落。

2. 发病特点　病原真菌在地表和土内的病果、病叶、老皮等病残组织中越冬。翌春产生分生孢子，借风、雨水、昆虫、工具等传播，通过伤口、蜜腺和气孔等部位侵入发病，在发病部位的病斑上产生分生孢子，借风雨传播可造成多次侵染。因此，高温、高湿是该病害发生和流行的主要因素。田间管理、冰雹、昆虫等造成伤口和提高湿度的因素都会引发和加重葡萄白腐病的发生。所以，通风透光不良的果园，土壤黏重、排水不良或地下水位高的果园，植株载果量大的果园均容易发病。另外，篱架的葡萄发病重于棚架，双篱架式又重于单篱架式。降雨、大雾、连阴天非常有利于白腐病的严重发生。

3. 防治方法

（1）**农业防治**　加强栽培管理。结合修剪，及时剪除病果穗、病枝蔓、病叶，集中烧毁或深埋，以减少病菌来源。春季葡萄出土后，撕去枝蔓上的老皮，清洁葡萄园。

（2）**物理防治** 套袋及畦面铺膜。在葡萄粒长到黄豆大小时，进行套袋，阻止病菌侵染果穗。套袋前先喷施 1 次 60% 吡唑醚菌酯·代森联水分散粒剂 1 200 倍 +10% 吡虫啉可湿性粉剂 4 000 倍混合液，清除病虫，药液干后立即套袋。

（3）**化学防治** 萌芽前，用石硫合剂喷洒树体。自幼果期开始，每隔 15 天左右喷药 1 次，直至采收前。有效药剂有 50% 多菌灵可湿性粉剂 800 倍液、200 倍波尔多液、80% 代森锰锌可湿性粉剂 800 倍液、70% 甲基硫菌灵可湿性粉剂 800 倍液、70% 丙森锌可湿性粉剂 800 倍液、40% 氟硅唑乳油 7 000～8 000 倍液等。以上药剂一定要交替轮换使用，避免因单一使用产生抗药性而失去防效。

（五）葡萄炭疽病

葡萄炭疽病又名晚腐病，在葡萄产区普遍发生。

1. 发病症状 主要危害果实，也危害叶片和新梢。果实发病初期，果粒表面长出黑色、圆形、蝇粪状病斑，幼果期病斑仅局限于表皮不再扩大。待果实开始着色后，病斑扩大为圆形或不规则形浅褐色水渍状稍凹陷病斑，继续发展为黑褐色或黑色斑，表面密生小黑点，呈轮纹状排列。发病严重时，导致果实大量腐烂脱落。叶片发病多在叶缘部位产生直径约 2～3 厘米的近圆形或长圆形暗褐色病斑。

2. 发病特点 葡萄炭疽病是一种真菌性病害，病菌在 1 年生枝蔓表皮、叶痕等部位越冬，或在枯枝、落叶、烂果、卷须等组织上越冬。翌年葡萄生长期温度适宜时，越冬病菌产生分生孢子，借风、雨、昆虫等传播，经皮孔、气孔、伤口侵染果实，遇合适条件即发病。果园高温高湿有利于发病，凡是导致湿度提高的因素（降雨、枝叶密闭、果园涝洼等），均可诱发并加重炭疽病的发生。另外，葡萄品种间对炭疽病的敏感程度有差异，意大利、巨峰、红富士、黑奥林抗病性较强，贵人香、长相思、无核白、白牛奶、无核白鸡心、葡萄园皇后、玫瑰香、龙眼等品种容易感病。

3. 防治方法

（1）**农业防治**　栽植抗病品种，起垄栽培，合理密植，及时剥老皮、摘心、绑蔓、摘除黄叶、清洁果园等，均可减轻炭疽病的发生。

（2）**物理防治**　实施果穗套袋，方法同白腐病。

（3）**化学防治**　①早春萌芽前，全园喷施 3 波美度石硫合剂。②落花后 7～10 天，结合防治葡萄白腐病、黑痘病等喷洒杀菌剂，每隔 15 天左右喷 1 次：10% 苯醚甲环唑水分散粒剂 1 200 倍液，或 43% 戊唑醇悬浮剂 3 000 倍液，或 70% 甲基硫菌灵可湿性粉剂 800 倍液，或 1∶0.5∶200 波尔多液，或 25% 吡唑醚菌酯乳油 2 000～4 000 倍液等。葡萄采收前 15 天停止喷药。

（六）葡萄酸腐病

葡萄酸腐病近几年在我国普遍发生，已经成为葡萄的一种重要病害，危害严重的果园，损失达 30%～80%，甚至绝收。

1. 发病症状　酸腐病的主要表现就是果粒腐烂，发展迅速，很快整穗腐烂。如果是套袋葡萄，在果袋的下方有一片深色的湿润，这是烂果流出的汁液，习惯称之为尿袋。同时，袋内有小蝇子成虫、幼虫和蛹，果实带有酸腐味。

2. 发病特点　通常是由醋酸细菌、酵母菌、多种真菌、果蝇幼虫等多种微生物混合引起的。首先是由于伤口的存在，从而成为真菌和细菌存活和繁殖的初始因素，并且引诱醋蝇来产卵。醋蝇身上有细菌的存在，爬行、产卵的过程中传播细菌。之后醋蝇指数增长，引起病害的流行。不同成熟期的品种混合种植，会增加酸腐病的发生。机械损伤（如冰雹、风、蜂、鸟等造成的损伤）或病害（如白粉病、裂果等）造成的伤口容易引来病菌和醋蝇侵害，从而造成发病。雨水、喷灌和浇灌等造成空气湿度过大、叶片过密、果穗周围和果穗内的高湿度会加重酸腐病的发生和危害。品种间的发病差异比较大，巨峰受害最为严重，其次为里扎马特、赤霞珠、无核白、白牛奶等发生比较严重，红地球、龙眼、粉红亚都蜜等较抗病。

3. 防治方法

（1）农业防治 ①发病重的地区选栽抗病品种，尽量避免在同一果园种植不同成熟期的品种。采用避雨栽培，控制成熟期空气相对湿度。②夏季经常检查，发现病粒及时摘除，集中深埋。合理密植与修剪，增加通风透光。葡萄成熟期时不能灌溉，防止果粒生长过快出现裂口。③合理使用或不使用植物生长调节剂，避免果皮伤害和裂果。合理疏粒，以免果穗过紧挤压，禁止过量使用氮肥。

（2）化学防治 及时防治白粉病、炭疽病等果实病害，减少伤口。①合理选用化学农药，自封穗期开始喷80%波尔多液400倍液，或70%丙森锌可湿性粉剂1500～2000倍液，10天左右喷1次，连续3次。②酸腐病发生初期，立即剪除病穗、病粒，收集起来带出园外深埋，马上用70%丙森锌可湿性粉剂1500倍液＋2.5%溴氰菊酯乳油2000倍液＋50%灭蝇胺可溶性粉剂1000倍液均匀喷洒果穗，使所有果粒着药。

（七）葡萄蔓枯病

葡萄蔓枯病又称蔓割病，是葡萄上的一种主要枝干病害，分布于西北、山东、河南等葡萄产区。

1. 发病症状 该病害主要危害枝蔓和新梢。在枝蔓上，多发病于叶痕和近地表处，病斑初期为红褐色，略凹陷，后扩大成黑褐色大斑，病部以上枝蔓生长衰弱或枯死。秋天病蔓表皮纵裂为丝状，易折断，病部表面产生很多黑色小粒点。新梢发病时叶色变黄，叶缘卷曲，新梢枯萎，叶脉、叶柄及卷须常生黑色条斑。

2. 发病特点　属真菌性病害，病菌在发病枝蔓上越冬，翌年5～6月份释放分生孢子，通过风雨传播侵染新的枝蔓和新梢，在潮湿和雨露条件下，病菌经伤口或气孔侵入，孢子萌发为菌丝生长，从枝蔓上吸收养分，破坏植物组织而引起发病。多雨或湿度大的地区、植株衰弱、冻害严重的葡萄园发病较重。

3. 防治方法

（1）农业防治　田间及时剪除病虫枝蔓、病枝梢及病果穗，清除园内枯枝、落叶、落果、杂草等残物，带出园外集中烧毁或深埋。

（2）化学防治　①轻病斑用锋利的刀具刮除病组织至健康组织，刮后将残体抬净带出园外烧毁，刮口涂抹45%代森铵水剂50倍液或3～5波美度石硫合剂进行消毒保护。②葡萄萌芽期，用45%代森铵水剂400倍液，或5波美度石硫合剂喷洒全部枝蔓。③生长季节，结合防治叶片、果实病害，喷洒80%代森锰锌可湿性粉剂800倍液，或70%丙森锌可湿性粉剂600倍液，或25%戊唑醇水乳剂2000倍液，一定要喷洒老蔓基部。

（八）葡萄病毒病

葡萄病毒病有很多种，在我国发生的主要有葡萄扇叶病、卷叶病、栓皮病、茎痘病、斑点病和花叶病等。全国各葡萄产区均有病毒病发生，不同地区和品种间，病毒病的发生种类和程度有很大差异。

1. 发病症状　葡萄病毒病一般不会很快死树，但影响其生长、开花、结果，不同病毒病其发病症状不同。综合归纳起来，病毒病的主要症状为叶片生长不良，表现为小叶、花叶、卷叶、畸形叶、变色叶等，植株瘦弱，开花结果少、果粒小、着色不良、品质差。茎蔓树皮变厚粗糙，产生纵向裂纹，枝条脆，易折断。

2. 发病特点　病毒病由感病植株携带，通过带毒枝条扦插、嫁接、修剪工具等方式进行传播，还可通过根部线虫、危害枝叶的粉蚧、叶蝉、椿象传播。植株营养不良对病毒病的抗性差，不同品种间对一些病毒病抗性有很大差异。

3. 防治方法

（1）**农业防治**　①选用抗病品种和脱毒苗木，是目前防治病毒病的最现实、最有效的预防方法。②加强肥水管理，增施有机肥料，增强树势，提高植株抵抗力，延迟病症发生和减轻危害。③切断传染源。及时防治害虫，对修剪、嫁接工具及时冲洗和消毒，消毒剂为75%酒精。在有毒园片修剪，工具应每剪完1棵树后用75%酒精消毒1次。

（2）**化学防治**　①田间发现重病植株及时挖除，并对树穴进行消毒。②发病较轻的病株可选用1.5%烷醇·硫酸铜乳剂1 200倍液，或20%吗胍·乙酸铜可溶性粉剂500倍液等药剂叶面喷施，可取得一定的防效。

二、主要生理性病害

（一）葡萄日灼病

葡萄日灼病主要是由于葡萄受到太阳暴晒引起的，多发生在幼果膨大期。

1. 发病症状　在烈日高温天气下，葡萄幼果表面短时间内出现类似烫伤的斑块，很快失水形成大小不等、形状不规则的褐色坏死斑，随后果粒干缩，挂在穗上不落，严重者的整穗干枯。

2. 发病特点　葡萄日灼病主要发生在烈日暴晒下缺少遮蔽的果穗，果面温度过高，果皮易被灼伤，失水后即形成褐斑；但是，发病程度与气候条件、架式、树势强弱、果穗着生方位及结果量、果实套袋早晚及果袋质量、果园田间管理情况等因素均有密切关系。特别是连续阴雨天突然转晴后，受日光直射，果实易发生日灼。所以，果穗以上叶片不能太少，套袋过晚或高温天气套袋、夏季新梢摘心过早、副梢处理不当、枝叶修剪过度，均易发生日灼病。不同品种之间，果皮薄的欧亚品种也较果皮较厚的欧美杂交种发病重。

3. 防治方法 ①增施有机肥，保持土壤疏松，增加其保水性能，促使根系健壮，增强树势，同时避免过多施用速效氮肥。②采用棚架栽培或双篱架栽培，合理位置留穗与摘心，增加果穗上的叶片覆盖量，避免果穗接受直射光照射。③及时给果穗套袋。套袋除减轻日灼外，还可减轻病虫危害，使果面光洁、美观、商品性好。在果粒长到黄豆粒大时，全树喷一遍杀菌、杀虫混合剂，待药液干后立即套袋，上口用铁丝扎紧，采前20天左右除袋（若用葡萄专用袋可不除袋）。注意避开雨后的高温天气和有露水时段套袋。④喷肥降温。尤其是在阴雨过后的高温天气，在叶面和果穗上喷施0.2%磷酸二氢钾或5%草木灰浸出液2～3次。

（二）葡萄缺铁症

1. 发病症状 葡萄缺铁时新生叶片叶脉间失绿，逐渐发展至整个叶片呈黄绿色到黄色，但叶脉仍保持绿色；严重时叶片呈黄白色、白色，从叶缘开始出现褐色坏死斑，整片叶逐渐干枯死亡。新梢生长缓慢，花穗变为浅黄色，坐果少，果粒小，着色差。

2. 发病特点 由于土壤状况不佳、植株生长不良或其他异常环境因素，阻碍了葡萄对铁离子的吸收，导致葡萄缺铁。如黏土地土壤排水不良、地温过低，盐碱地土壤含盐量多过或树龄过大、树体老化、结果量偏多，均易引起葡萄缺铁。葡萄缺铁症主要在春天冷凉、潮湿天气时发生。

3. 防治方法 ①增施有机肥，合理浇水，改良土壤板结与酸碱度，有利于土壤内铁离子的移动和被吸收。②在葡萄发芽前，结合施基肥掺入适量的硫酸亚铁，每棵成年葡萄树施用量为50～100克，采用沟施或穴施方法施入葡萄根系周围，但与有机肥混施效果最好。③葡萄生长旺盛期，叶面喷施0.1%～0.2%硫酸亚铁溶液，或 0.1%～0.2% 硫酸亚铁溶液＋0.15% 柠檬酸溶液 1～2 次。

（三）葡萄缺锌症

1. 发病症状 葡萄缺锌时枝、叶、果生长停止或萎缩，叶柄洼变宽，叶片斑状失绿；新梢顶部叶片狭小或枝条纤细，节间短，果粒大小不均匀，无籽小果数量多。

2. 发病特点 锌与植物生长素和叶绿素的合成有关，缺锌时植物生长素和叶绿素不能正常形成，导致植株生长异常、叶片黄化。葡萄缺锌与土壤条件有关，锌盐在盐碱条件下难于溶解，致使锌离子不能被吸收利用；沙质土保水保肥性能差，致使大量锌离子流失，不能被葡萄吸收。不同品种葡萄对锌的敏感程度不同，如白玫瑰香、绯红、红地球、森田尼无核等品种对锌敏感，易发生缺锌。

3. 防治方法 ①葡萄园土壤为沙地或盐碱地时应该增施腐熟有机肥，改良土壤，有利于锌的吸收和利用。葡萄园施有机肥时添加硫酸锌，每亩葡萄添加 100 千克。②若葡萄缺锌，在修剪时可在剪口处涂抹硫酸锌。葡萄开花前 2～3 周或发现缺锌时，用 0.1% 硫酸锌溶液进行叶面喷雾。使用时不能增加锌肥用量，配制的溶液要充分溶解，叶面喷洒要均匀，以免对葡萄产生药害。

（四）葡萄缺硼症

1. 发病症状 葡萄缺硼时植株矮小，副梢生长瘦弱、节间变短，顶芽易枯死，新梢顶端幼叶出现淡黄色小斑点，叶片小而厚、发脆、皱缩、向下弯曲。葡萄花序小、花蕾少，坐果率低，无籽小果多。地下根系分布浅，易死根。

2. 发病特点 硼主要参与细胞分裂、生长、组织分化、细胞壁形成等功能。葡萄缺硼主要与土壤结构、土壤有机质含量有关。在缺乏有机质的瘠薄土壤、土壤干旱地区、pH 值高达 7.5～

8 的碱性土壤、易干燥的沙性土壤缺硼现象严重。同时，葡萄根系分布浅、受其他病虫危害，导致根系吸收能力差，也容易发生缺硼症。

3. 防治方法 ①在对葡萄园进行增施有机肥，改良土壤结构，在增加土壤肥力的基础上，适时对葡萄浇水，以提高土壤中可溶性硼的含量，以利于葡萄的吸收。②在葡萄园秋施基肥时，每株成龄葡萄树追施硼砂或硼酸 50 克，以补充葡萄硼的不足。葡萄开花前 1 周、盛花期分别喷施 0.1%～0.3% 硼砂或硼酸溶液均匀喷洒枝叶和花果。

（五）葡萄缺镁症

1. 发病症状 葡萄缺镁时蔓基部老叶叶脉间失绿呈黄白色至灰白色，出现清晰的网状脉纹，叶脉发紫；葡萄中部叶片叶脉绿色，脉间黄绿色；葡萄上部叶片呈水渍状，后形成较大的坏死斑块。果实着色差、成熟推迟、糖分低，但颗粒大小和产量受损不明显。

2. 发病特点 由有机肥施入量不足或有机肥质量差，导致土壤中可吸收镁不足引起。因为酸性土壤中镁较易流失，大量施用化肥导致元素失衡会影响葡萄对镁的吸收，易造成缺镁症。夏季大雨过后，葡萄容易出现缺镁症。

3. 防治方法 ①在葡萄定植和每年秋季施入足够的优质有机肥。在缺镁严重的葡萄园应适量减少钾肥的施用量，做到平衡配方施肥。②田间葡萄开始出现缺镁症时，叶面连续喷施 0.1% 硫酸镁溶液 3～4 次，间隔时间为 20～30 天。对于缺镁严重的葡萄园，结合施有机肥，采用开沟施入硫酸镁，成年葡萄每株施入 0.9～1.5 千克。

（六）葡萄缺钾症

1. 发病症状 葡萄缺钾时基部老叶边缘和叶脉失绿黄化，

老叶上有黄褐色斑块，严重时叶缘呈烧焦状；枝蔓发育不良，脆而易断，果粒小、味酸、着色差、成熟不整齐，易裂果、落果，果梗褐变等。

2. 发病特点　钾参与植物碳水化合物、氮代谢和蛋白质合成等过程，葡萄缺钾一般在其旺盛生长期出现。葡萄园土壤为细沙土、酸性土及有机质含量少的情况下常发生缺钾。

3. 防治方法　①对葡萄园增施有机肥或沤制的堆肥，如草木灰、腐熟的植物秸秆及其他农家肥，改良土壤结构，提高葡萄园土壤肥力。②对成年葡萄树每年施用钾肥 2 次，每次每亩施用 50% 硫酸钾 50 千克，施用时间分别为葡萄开花后 20 天和果实硬核前，施用方法为沟施或穴施。③葡萄生长期间，叶面喷施 50% 硫酸钾溶液 500 倍液，或 0.2%～0.3% 磷酸二氢钾溶液或 0.2%～0.3% 氯化钾溶液 1～2 次。切忌过量喷施，造成钾肥中毒。

三、主要虫害

（一）葡萄根瘤蚜

葡萄根瘤蚜是葡萄上的毁灭性害虫，在国内个别葡萄产区发生，故被我国列为植物危险性检疫害虫。该虫主要危害葡萄根部，也危害叶片。须根被害后变肿胀形成根瘤，侧根和大根被害后形成关节形的肿瘤，诱发病菌侵染导致根系腐烂，丧失对水分和养分的吸收、运输功能，造成地上树势衰弱，影响葡萄枝条发芽、花芽形成、开花结果，严重时可致整株死亡。叶片被害后，在背面形成红黄色虫瘿（开口在叶片正面），阻碍叶片正常生长和光合作用。

1. 发生规律　根瘤蚜在冷凉地区 1 年发生 4～5 代，温暖地区 7～9 代。以初龄若虫及少量卵在枝干或根部越冬，可随苗木、插条远距离传播。春季气温上升到 13℃时开始活动取食，该蚜虫对温、湿度适应性强，4～10 月份均可繁殖危害，7～8 月份降雨量过多，其繁殖力下降，若天气干旱则引起猖獗危害。根瘤蚜虫卵对温度的耐受性极强，用温度低于 42℃的水浸泡不会死亡，当水温超过 45℃浸泡 5 分钟时才能杀死全部卵。冬季 -12～-11℃的低温对根瘤蚜也没有伤害。此外，葡萄园淹水情况下该蚜虫仍能部分存活。

2. 防治方法 ①严禁从有葡萄根瘤蚜的地区引种苗木和插条，对苗木和插条进行严格检疫及消毒。如发现蚜虫，可将苗木、插条先放入 52～54℃热水中浸泡杀蚜，或用 50%辛硫磷乳油 800～1 000 倍液浸泡枝条或苗木 15 分钟，捞出晾干后调运或使用。②病株根要全部刨出烧毁，病树根穴用 50%辛硫磷乳油 500 倍液处理消毒。③田间发现葡萄受到根瘤蚜危害后，及时用 10%吡虫啉可湿性粉剂 2 000 倍液，或 5%啶虫脒乳油 1 000 倍液灌根。

（二）绿 盲 蝽

绿盲蝽俗名花叶虫、小臭虫，是一种杂食性害虫，可危害棉花、蔬菜、果树等。近年来，绿盲蝽在果树上猖獗危害，特别是对葡萄、枣危害最重，其次是樱桃和桃。成虫和若虫身体绿色，它们刺吸危害葡萄的幼芽、嫩叶、花蕾和幼果，受害部位细胞坏死或畸形生长。葡萄嫩叶被害后，先出现枯死小点，随叶芽伸展，变成不规则的多角形孔洞，俗称"破叶疯"；花蕾受害后即停止发育，枯萎脱落；受害幼果初期表面呈现不很明显的黄褐色小斑点，随果粒生长，小斑点逐渐扩大，呈黑色，受害皮下组织发育受阻，渐趋凹陷，严重的受害部位形成疮痂或发生龟裂。

1. 发生规律 在北方葡萄产区，绿盲蝽 1 年发生 3～5 代，南方 1 年发生 6～7 代，以卵主要在葡萄鳞芽内越冬。翌春日平均气温高于 10℃、空气相对湿度高于 70% 时越冬卵开始孵化，初孵若虫危害葡萄嫩芽。葡萄新梢展叶期为第一代虫危害高峰期，直接影响葡萄新梢生长和叶片光合作用。绿盲蝽生性活泼，移动速度很快，白天惧怕强光照潜藏在叶片下、地面杂草中活动，下午 5 时后至翌日上午 10 时前上树危害，田间很难看到虫体。成虫寿命长，产卵期 30～40 天，田间虫态不整齐。非越冬代成虫多产卵于嫩叶、茎、叶柄、叶脉、嫩蕾等组织内，外露黄色卵盖。6 月中旬以后，随着葡萄果实膨大和摘心，不适于绿盲蝽取食，该虫迁入附近枣园、棉田、菜地等地方危害。秋季再飞回葡萄园进行产卵越冬。

2. 防治方法　①早春葡萄萌芽时，全树喷施 1 次 10% 吡虫啉可湿性粉剂 4 000 倍＋2.5% 高效氯氰菊酯乳油 2 000 倍混合液，消灭初孵若虫。②葡萄开花前后，树上喷洒氟啶虫胺腈＋溴氰菊酯混合液，可有效防治绿盲蝽对葡萄的危害。

（三）斑衣蜡蝉

斑衣蜡蝉又称椿皮蜡蝉、斑蜡蝉，俗名红娘子、斑衣、臭皮蜡蝉、花姑娘、椿蹦、花蹦蹦等。在国内分布广泛。该虫食性杂，可危害葡萄、枣、板栗、桃等多种果树，还可危害臭椿、香椿、楝树、合欢、槐、榆、杨等多种林木。以成虫、若虫群集在葡萄叶背、嫩枝上刺吸危害，有时可见数十头群集在新梢上排列成一条直线。被害叶片有淡黄色斑点，严重时叶片穿孔、破裂；被害嫩枝上布满褐色刺吸斑点，影响植株的生长发育和木质化，严重时引起表皮枯裂，受害枝条抗冻性差。

成虫体长 15～22 毫米，虫体灰褐色，头顶向上翘起呈短突角状；前翅革质，基部约 2/3 为淡褐色，散生 10～20 个黑点，端部约 1/3 为深褐色，脉纹色淡；后翅 1/3 红色，上有 6～10 个黑褐色斑点，中部有倒三角形白色区，端部黑色。初产卵为灰白色，后变为褐色，长圆柱形，似麦粒状排列成块，表面覆盖土灰色蜡粉。若虫体色和花纹多变，初孵化时白色，不久变为黑色，体背有多个白色斑点，触角黑色；1～3龄若虫体色和花色基本相同，只是个体大小有差异；4龄若虫体长12.6～13.4毫米，体背红色，上面分布白色斑点，翅芽明显。

1. 发生规律　1年发生1代，以卵在葡萄园内水泥柱、葡萄主干和附近其他树木的枝干上越冬。翌年4月份陆续孵化为若虫，若虫喜群集嫩茎和叶背危害，受惊扰即蹦跳逃避。若虫期60天左右，6月中旬开始羽化为成虫，8月中旬开始交尾产卵，直到10月下旬。成虫寿命长达4个月，危害至10月下旬陆续死亡。

2. 防治方法

（1）农业防治　主要进行人工捕杀。在越冬卵态期，结合葡萄园管理，抹除枝条、水泥柱及附近树木上的卵块。成虫交尾产卵期行动比较缓慢，人工捕捉树上的成虫，可有效减少虫源。

（2）化学防治　斑衣蜡蝉低龄若虫期，树上喷洒4.5%高效氯氰菊酯乳油1 500倍液，或喷洒4.5%联苯菊酯乳油1 500倍液。

（四）透 翅 蛾

葡萄透翅蛾又名葡萄透羽蛾、葡萄钻心虫。老熟幼虫体长38毫米左右，圆筒形，头部红褐色，胸腹部黄白色，老熟时带紫红色。以幼虫蛀食枝蔓，从蛀孔处排出褐色粪便，枝蔓膨大肿胀似瘤，易折断或枯死。

1. 发生规律　在北方1年发生1代，以老熟幼虫在被害枝蔓内越冬。春季化蛹，6～7月份羽化为成虫。成虫产卵于枝蔓和芽腋间，卵孵化后幼虫多从叶柄基部蛀入新梢内危害。

2. 防治方法

（1）农业防治　6～7月份，仔细检查葡萄枝干，发现有黄叶出现和枝蔓膨大增粗的虫枝，及时剪掉。秋季整枝时发现虫枝剪掉烧毁。

（2）**化学防治**　①当发现有虫蔓又不愿剪掉时可将虫孔剥开，将粪便用铁丝勾出，塞入浸蘸100倍敌敌畏药液的棉球，然后用塑料膜包扎虫孔，熏杀枝条内的幼虫。②成虫发生期，用4.5%高效氯氰菊酯乳油3 000倍液，或2.5%溴氰菊酯乳油2 000倍液喷洒枝条，1周后再喷1次。

（五）葡萄虎天牛

葡萄虎天牛又名葡萄枝天牛、葡萄虎斑天牛。成虫体长16～28毫米，体黑色，前胸红褐色，鞘翅黑色，两翅合并时基部有黄色X形斑纹，近翅末端有1条黄色横纹。老熟幼虫体长约17毫米，淡黄白色，头小、无足。以幼虫危害葡萄1年生枝蔓，也危害多年生枝蔓，常横向切蛀，极易折断，致使在5～6月份出现新梢凋萎和断蔓。

1. 发生规律　葡萄虎天牛1年发生1代，以幼虫在葡萄枝蔓内越冬。翌年5～6月份开始在枝内继续活动取食，有时幼虫将枝横向啮切，致使枝条折断。7月份幼虫老熟后在枝条的咬折处化蛹。8月份羽化为成虫，将卵产于新梢基部芽腋间或芽的附近，单粒散产。幼虫孵化后，即蛀入新梢木质部内纵向取食危害，虫粪充满蛀道，不排出枝外，故从外表看不到堆粪情况，这是与葡萄透翅蛾的主要区别。落叶后，被害处的表皮变为黑色，比较容易辨别。

2. 防治方法

（1）**农业防治**　①冬季修剪时，将危害变黑的枝蔓剪除烧毁，以消灭越冬幼虫。②生长季节发现折断和枯萎枝，及时从折口下部5厘米处剪去，集中烧毁。

（2）**化学防治**　药剂喷施参照葡萄透翅蛾。

（六）葡萄红蜘蛛

葡萄红蜘蛛的学名是葡萄短须螨。它不像其他果树上的红蜘蛛只危害叶片，而且螨体微小、一般肉眼不易发现。该螨以成、若螨危害葡萄嫩梢茎部、叶片、果梗、果穗及果实。嫩梢受害表面呈黑褐色突起。叶片被害后叶脉两侧呈褐锈斑，严重时叶片失绿变黄，枯焦脱落。果穗受害后果梗呈黑色，组织变脆，容易折断。果粒前期受害，果面呈铁锈色，表皮粗糙甚至龟裂；果粒后期受害影响着色。

1. 发生规律 该螨1年发生6代以上，以雌成虫在葡萄枝蔓老皮裂缝内、叶腋及松散的芽鳞内群集越冬。翌年3月中下旬出蛰活动，危害刚展叶的嫩芽，然后危害叶片、叶柄、果穗等。

2. 防治方法

（1）**农业防治** 冬季修剪后至埋土前，剥除老树皮烧毁，消灭越冬雌成螨。

（2）**化学防治** 春季芽萌动后，树上喷洒15%哒螨灵乳油2000倍液，或1.8%阿维菌素乳油4000倍液。

（七）葡萄瘿螨

葡萄瘿螨又称葡萄锈壁虱、葡萄潜叶壁虱、葡萄毛毡病。螨体很小，需要借助显微镜才能看见虫体，平常只能看到危害症状。主要危害葡萄叶片，被害叶片初期产生苍白色不规则斑点，后叶片表面隆起，叶背凹陷，呈现白色绒毛毡状，故称毛毡病。后期逐渐变为黄褐色至茶褐色，叶片皱缩凹凸不平。枝蔓受害肿胀成瘤、表皮胀裂。

1. 发生规律 葡萄瘿螨1年发生3代，以成螨在芽鳞的茸毛、枝蔓的粗皮缝等处潜伏越冬。翌年春天葡萄萌芽期，瘿螨从芽内爬出迁移至嫩叶背面吸取汁液，刺激叶片茸毛增多。毛毡状物是葡萄上表皮组织受瘿螨刺激后肥大变形而成，对瘿螨具保护作用。一年中以5～6月份和9月份繁殖危害较重，盛夏常因高温多雨对其发育不利，虫口略有下降。10月中旬后陆续进入越冬场所。

2. 防治方法

（1）**农业防治**　在葡萄生长季节，田间发现受害叶要及时摘除，集中浸泡在水中。

（2）**化学防治**　早春萌芽期，与防治葡萄红蜘蛛一起进行喷药防治。

（八）康氏粉蚧

康氏粉蚧别名桑粉蚧、梨粉蚧、李粉蚧。寄主很广，可危害葡萄、苹果、梨、桃、李、枣、梅、山楂、葡萄、杏、核桃、柑橘、无花果、荔枝、石榴、栗、柿等。以雌成虫和若虫刺吸葡萄嫩芽、嫩叶、果实、枝干的汁液。嫩枝受害后，被害处肿胀，严重时造成树皮纵裂而枯死。果实被害时，出现大小不等的褪色斑点、黑点或黑斑，该虫分泌白色棉絮状蜡粉污染果实，诱发煤污病。

1. 发生规律　该虫在葡萄上1年发生3代，主要以卵在树体各种缝隙及树干基部附近土石缝处越冬，翌春葡萄发芽时，越冬卵孵化，爬到枝叶、果实等幼嫩部分危害。

2. 防治方法　春季萌芽期和幼果期，可结合防治绿盲蝽一起进行。对于果穗套袋的葡萄，套袋前一定喷洒5%吡虫啉乳油2 000～3 000倍液灭杀该虫，药液干后立即套袋，并扎严袋口，防止粉蚧爬入袋内危害。

（九）葡萄叶蝉

危害葡萄的叶蝉主要有两种，即葡萄二星叶蝉（葡萄二点叶蝉）和葡萄二黄斑叶蝉，俗称浮尘子。葡萄二星叶蝉的成虫体长2～2.5毫米，淡黄白色，头顶有2个黑色圆斑，前胸背板前缘有3个圆形小黑点，翅上或有淡褐色斑纹。葡萄二黄斑叶蝉的成虫体长约3毫米，头顶前缘有2个黑色的小圆点，前胸背前缘有3个黑褐色小圆点，前翅表面大部分为暗褐色，后缘各有近半圆

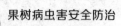

形的淡黄色区两处，两翅合拢后形成 2 个近圆形的淡黄色斑纹。

它们均以成、若虫群集于葡萄叶片背面刺吸汁液，受害叶片正面呈现密集的白色失绿斑点，严重时叶片苍白、枯焦，造成葡萄早期落叶；而且虫体排出的粪便污染叶片和果实，造成黑褐色粪斑。

1. 发生规律　两种叶蝉在不同地区发生代数不同，华北、华东地区 1 年发生 2～3 代。以成虫在葡萄园的落叶、杂草下及附近的树皮缝、石缝、土缝等隐蔽处越冬。葡萄芽萌发时开始活动，展叶后即在叶背取食危害。

2. 防治方法

（1）**农业防治**　葡萄落叶后，彻底清除园内落叶、杂草，集中处理以消灭越冬成虫。

（2）**化学防治**　发芽后和开花前后，与防治绿盲蝽一起喷洒杀虫剂，有效药剂有螺虫乙酯、噻虫嗪、吡虫啉、溴氰菊酯、高效氯氰菊，注意喷洒叶片背面。

（十）葡萄蓟马

危害葡萄的蓟马主要是烟蓟马，属于小型刺吸性害虫。雌成虫体长 1.2 毫米，淡棕色，能飞善跳，扩散快。

该虫主要危害葡萄花蕾、幼果和嫩叶。幼果被害后，果皮出现黑点或黑斑块，被害部位随着果粒的增大形成黄褐色木栓化斑，严重时变成裂果。嫩叶被害部位略呈水渍状黄点或黄斑，以后变成不规则穿孔或破碎，叶片变小、畸形。类似于绿盲蝽危害症状。

1. 发生规律　1 年发生 6～10 代，以成虫、若虫在葡萄园内杂草上越冬，蛹在地面表土层和落叶下越冬。葡萄发芽后开始上树危害幼叶嫩梢，自葡萄初花期危害花蕾和幼果。幼果期后，主要危害副梢和二次花果，世代和虫态重叠。9 月份以后，蓟马各虫态向地面转移。

2. 防治方法

（1）**农业防治**　清理葡萄园杂草，烧毁枯枝败叶。

（2）**物理防治**　成虫发生期，用天蓝色黏虫板挂在葡萄行间诱杀成虫。

（3）**化学防治**　在开花前1～2天，树上喷洒5%吡虫啉乳油或3%啶虫脒乳油2 000倍液，或2.5%溴氰菊酯乳油2 000～2 500倍液。喷药后5天检查，当发现虫情较重时，立即喷洒第二次药。可兼治叶蝉、绿盲蝽等。

第六章
桃、樱桃、李、杏主要病虫害防治

一、主要病害

（一）细菌性穿孔病

主要危害桃、樱桃、杏、李等核果类果树叶片，也侵害枝梢和果实。

1. 发病症状　叶片发病时初为产生半透明水渍状斑点，后发展成黄白色至白色圆形小斑点，直径 0.5～1 毫米。随后病斑逐渐扩展成浅褐色至紫褐色的圆形、多角形或不规则病斑，外缘有绿色晕圈，直径一般 2 毫米左右。以后病斑干枯脱落，形成细小穿孔。果实发病时，果面出现暗紫色水渍状近圆形病斑，中央略凹陷，干燥时病斑易呈星状开裂。枝条发病即发生水渍状暗褐色小疱状病斑，有时病斑环枝 1 圈便导致枝梢枯死。

2. 发病特点　由细菌侵染引起。病菌在枝条溃疡病斑内或病芽内越冬。翌年春天气温上升，潜伏的细菌开始活动，形成新病斑，并溢出菌脓释放大量细菌，借风雨、雾及昆虫传播。经叶片的气孔、枝条的芽痕、果实的皮孔侵入。在降雨频繁、多雾和温暖阴湿的天气下发病严重，干旱少雨则发病轻。所以，每年的梅雨季节和台风季节是全年发病高峰期。树势弱、排水、通风不良的桃园发病重，过多施用氮肥也会加重该病害发生。

3. 防治方法

（1）**农业防治** 休眠季节，结合冬剪彻底剪除病枝、枯枝，清扫落叶，集中销毁，消除越冬病菌来源。及时夏剪，疏除过密枝叶，改善通风透光，降低果园湿度，不利于病害发生。

（2）**化学防治** ①在花芽膨大前期，树上喷洒石硫合剂或波尔多液，杀灭越冬病菌。②发病初期喷 3% 中生菌素可湿性粉剂 400～600 倍液，或 72% 硫酸链霉素可溶性粉剂 3 000 倍液。每隔 10～15 天喷 1 次，连喷 2～3 次。

（二）褐斑穿孔病

褐斑穿孔病属真菌性病害，主要危害桃树叶片、新梢和果实，也危害杏、李、樱桃、梅等核果类果树。

1. 发病症状 褐斑穿孔病在叶片上发病时，初期产生圆形或近圆形褐色病斑，病斑边缘清晰，紫红色或红褐色，后期偶尔在病斑两面见灰褐色霉，病斑中部干枯脱落形成穿孔，严重时叶片脱落。新梢和果实上的病斑与叶上的相似，均可生出灰褐色霉。

2. 发病特点 病原菌以菌丝体在病叶和枝梢病组织中越冬，翌年春季形成分生孢子，随风雨传播，侵染叶片、新梢和果实。高温、高湿有利于发病。

3. 防治方法

（1）**农业防治** ①加强果园管理，合理修剪，使果园通风透光良好。②冬季结合修剪，彻底清除枯枝、落叶和落果，集中烧毁或深埋。③夏季注意果园排水，降低果园湿度。④科学施肥，增施有机肥料，避免偏施氮肥，提高桃树抗病力。

（2）**化学防治** ①桃树发芽前，树上喷洒 4～5 波美度石硫合剂。②谢花后每隔 10～14 天喷洒 1 次杀菌剂，有效药剂为 65% 代森锌可湿性粉剂 500 倍液，或 70% 代森锰锌可湿性粉剂 700 倍液，或 75% 百菌清可湿性粉剂 500～600 倍液，或 50% 异菌脲可湿性粉剂 1 500 倍液，或 20% 戊唑醇 1 500 倍液。上述几种药剂交替使用，避免产生抗药性。

（三）桃缩叶病

桃缩叶病属真菌性病害，主要危害桃树，也侵害油桃、扁桃。在国内部分桃产区发生危害，其中四川、华东、华北沿海和滨湖地区发病较重。

1. 发病症状　桃缩叶病主要危害叶片，也可危害嫩梢和幼果。春季嫩叶刚从芽鳞抽出即显现症状，叶卷曲变形，带红色。随叶片逐渐长大，病叶局部肿大肥厚，皱缩扭曲，起初呈灰绿色，后变红色或紫红色，发病严重时桃叶大部分变形，枝梢枯死。春末夏初，叶面生出一层灰白色粉状物（子囊孢子和芽生孢子），病叶渐变褐色至深褐色，干枯脱落。嫩梢染病呈灰绿色至黄绿色，节间较短，略显肿粗。病枝上簇生卷缩的病叶，受害严重时整枝枯死。幼果发病果面出现黄或红色病斑，微隆起，随着果实长大，病斑变褐色、龟裂，病果常提前脱落。

2. 发病特点　此病在早春桃树展叶后开始发生，4～5月份继续发展，6月份以后渐趋停止。低温高湿有利于此病发生，桃芽膨大至展叶期如遇连续降雨，发病往往较重。一般早熟品种发病较重，晚熟品种较轻。

3. 防治方法

（1）农业防治　①加强果园管理，增强树势，提高抗病能力。②对于发病较重的树，因为叶片大量焦枯和脱落，所以应及时补施肥料和浇水，促使树势尽快恢复。③在病叶初见但未形成白粉状物之前及时摘除病叶，集中烧毁。

（2）化学防治　①桃芽萌动至花瓣露红期，用2～3波美度石硫合剂或1∶1∶100波尔多液喷洒枝干，消灭树体上的越冬病菌。②从谢花后开始，每隔10天喷洒1次杀菌剂，有效药剂为50%多菌灵可湿性粉剂600倍液，或70%甲基硫菌灵可湿性粉剂700倍液，或70%代森锰锌可湿性粉剂500～600倍液，喷药要细致周到，不同药剂交替使用。

（四）褐腐病

褐腐病属真菌性病害，可危害桃、杏、李、樱桃、梅等果树，在国内广泛分布。

1. 发病症状 褐腐病病菌可侵染危害花、叶、枝梢和果实，以果实受害最重。春季花器最先受害，病菌侵害雄蕊、柱头、花瓣和萼片，发生褐色水渍状斑点，渐蔓延至全花。当天气潮湿时，病花迅速腐烂，表面生出灰色霉层，病花残留枝上，经久不落。嫩叶受害，自叶缘开始发病，病叶变褐萎蔫，症状好似遭受霜冻。枝梢受害后出现溃疡斑，斑呈长椭圆形或梭形，凹陷或隆起，雨季常从斑上流胶和生出灰色霉层。溃疡扩展或相互融合环绕一周，病部以上即枯死。果实被害，初期在果实上形成褐色圆形病斑，如温、湿度适宜，病斑在数日内可扩大到全果，果肉也随之变褐，然后病斑表面长出灰褐色霉丛（病菌的分生孢子层），呈同心轮纹状排列，病果腐烂易脱落，部分失水后变成僵果悬挂在树枝上不落。

2. 发病特点 病原菌在病枝叶、果实上越冬，春季萌芽时产生分生孢子继续侵染，桃树花期至果实成熟期均能侵染，条件适宜时病部产生新的分生孢子可进行再侵染，贮藏期还能通过病果与健果接触发生传染。湿度是影响病害发生的主导因素，桃树开花期及幼果期低温潮湿，容易发生花腐；果实近成熟期温暖多雨多雾，容易发生果腐。树势衰弱、地势低洼、枝叶过密的果园发病较重。

3. 防治方法

（1）**农业防治** ①结合冬剪对树上僵果进行彻底清除；春季清扫干净地面落叶、落果，集中烧毁；适时夏剪，改善园内通风透光条件。②雨季及时排除园内积水，降低果园湿度。③随时清理树上、树下的病果，防止病菌扩散传播。

（2）**物理防治** 实行果实套袋，阻隔病菌侵染。

（3）**化学防治** ①桃树发芽前（芽萌动期），全树均匀喷洒4～5波美度石硫合剂或1：1：100波尔多液铲除在枝条上越冬的菌原。②从小桃脱萼开始，每隔10～14天喷洒1次50%多菌灵可湿性粉剂600倍液，或70%甲基硫菌灵可湿性粉剂600～800倍液，或65%代森锌可湿性粉剂500倍液，或70%代森锰锌可湿性粉剂700倍液，或75%百菌清可湿性粉剂500～600倍液，或50%异菌脲可湿性粉剂1 500倍液。几种药剂交替使用，与防治褐斑穿孔病同时进行。

（五）疮 痂 病

桃疮痂病又名黑星病，属真菌性病害，主要寄主为桃、杏、李，在国内广泛分布。

1. 发病症状 该病菌主要危害桃和杏树的果实、枝梢、叶片。果实发病初期先出现暗绿色圆形斑点，渐扩大，严重时病斑融合连片，随果实增大，果面往往龟裂成疮痂状。果柄被害时，常造成落果。枝梢染病后，开始发生浅褐色椭圆形斑点，边缘紫褐色，秋季病斑表面为紫色或黑褐色，微隆起，常流胶。翌年春季病斑变成灰色，产生暗色绒点状分生孢子丛。叶片初发病时，叶背出现不规则形或多角形灰绿色病斑，渐变成褐色或紫红色，后期形成穿孔，严重时落叶。

2. 发病特点 病原菌在被害落果、叶片、枝条上越冬，春季萌芽后产生孢子侵染枝条、叶片和果实，导致发病。春季和初夏降雨是影响此病能否大发生的主要条件，果园低洼潮湿或枝条郁闭也能促进发病。早熟品种果实发病较少，中、晚熟品种果实发病较重。

3. 防治方法

（1）**农业防治** ①加强栽培管理，适当增施有机肥和磷、钾肥，提高树体抗病能力。②合理修剪，改善桃园通风透光；雨后及时排水，降低果园湿度。③结合冬季修剪，彻底清除园内树上的病枝、枯死枝、僵果、地面落果，集中烧毁或深埋，以减少病菌初侵染源。

（2）**化学防治**　谢花后半月至6月份，结合防治褐斑穿孔、褐腐病喷药防治，常用药剂为3%中生菌素可湿性粉剂600倍液，或70%甲基硫菌灵可湿性粉剂800倍液，或80%代森锰锌可湿性粉剂800倍液等。

（六）炭　疽　病

1. 发病症状　桃炭疽病主要危害桃树果实、新梢、叶片，也危害杏、李、樱桃等。在桃幼果硬核期以前发病，果面出现暗褐色水渍状斑，病斑扩大并凹陷，病果很快脱落或萎缩形成僵果悬挂于枝上。果实在膨大期、近成熟期发病，开始果面出现淡褐色水渍状斑，逐渐扩大，呈圆形或椭圆形，红褐色，凹陷，表面生出橘红色小粒点，即病菌的分生孢子团。分生孢子团初呈同心轮纹状排列，后蔓溢连片，导致全果软腐脱落。新梢发病，病斑暗褐色，水渍状，长圆形，稍凹陷，病梢常向一侧弯曲。后期病部中央密生粉红色孢子团，病重枝往往在夏、秋季枯死。翌春在芽萌动至开花期，病斑扩展很快，病梢上端叶片萎缩下垂，并纵卷成管状，扩展至环绕病梢一周，斑以上部分即枯死。叶片上的病斑呈圆形、半圆形至不规则形，边缘界限明显，淡褐色，后期病斑中部变为灰褐色。

2. 发病特点　桃炭疽病由真菌引起。病原菌在发病部位越冬，春季萌芽期产生分生孢子，通过风雨、昆虫和田间操作工具传播。该病的发生流行与降雨和空气湿度有密切关系，雨量多、湿度大有利发病，特别是在果实感病期如连续几天阴雨，此病往往有一次暴发。栽培管理粗放、树枝过密、树势衰弱的果园发病较重。

3. 防治方法　参照褐腐病和疮痂病。

（七）根癌病

根癌病又名根瘤病，是一种细菌性病害。可危害桃、苹果、梨、葡萄、李、杏、樱桃、花红等多种果树。

1. 发病症状 主要危害桃、杏、李、樱桃、苹果等多种果树的根部和根颈。受害部位形成大小不一的肿瘤，球形至扁球形，初乳白色或稍带红色，后逐渐变成褐色至深褐色，表面粗糙且凹凸不平，木质化坚硬。后期有的肿瘤变成黑褐色，形成不规则孔洞。

2. 发病特点 该病属细菌性病害，病菌在根瘤和土壤内越冬。病菌自虫伤、机械伤等各种伤口侵入，潜育期几周至 1 年以上，条件适宜就发病。该病发生轻重与土壤 pH 值有关，pH 值达到 5 或更低时，桃树不发病，pH 值大于 7 的碱性土壤有利于发病。黏重、排水不良的土壤比疏松、排水良好的沙质壤土发病重，根部伤口越多发病愈重，一般苗木劈接法比芽接法发病重。重茬地育苗和栽植果树发病重。该病害的近距离传播的主要途径是雨水、灌溉水、工具、地下害虫等，远距离传播途径是苗木调运。

3. 防治方法

（1）**农业防治** ①育苗圃不要连作，苗木出圃前要仔细检查，发现病苗及时拣出，集中烧毁。②禁止在核果类果树地块重茬栽植桃树。③发现病株及时挖除焚毁，对病点周围土壤彻底用硫酸铜消毒处理，防止病害扩展蔓延。

（2）**生物防治** 苗木栽植前，用生物制剂抗根癌菌剂 1 号（K_{84}）液体浸蘸根部，预防病害发生。发现癌瘤后，用刀切除瘤部，于伤口处涂抹抗根癌菌剂 1 号液体。

（3）**化学防治** ①苗木栽植前，将嫁接口以下部位用 1% 硫酸铜溶液浸 5 分钟，再放入 2% 石灰水中浸 1 分钟。②在定植后的果树上发现肿瘤时，先用快刀切除肿瘤，再用波尔多液涂抹切口。

（八）木腐病

桃树木腐病又名心腐病，危害桃、李、杏、樱桃、苹果等多种果树，是老果树上普遍发生的一种病害。

1. 发病症状 主要危害桃树、樱桃等果树的木质心材部分，使心材腐朽。在枝干外部长出一些平菇状的灰白色子实体（病菌的繁殖体），大小不一，形状各异，有马蹄形、圆头状等。菌盖木质坚硬，表面最初光滑，老熟后有裂纹。病树长势衰弱，叶片发黄，果实变小或不结果。由于腐朽的心材疏松、软脆，致使发病枝干或树体遇大风易被折断。发病严重时可导致整株树死亡。

2. 发病特点 病菌以菌丝和子实体在受害树的枝干上越冬，子实体产生的担孢子随风雨飞散传播，自剪锯口、虫孔及其他伤口处侵入树体。幼树、壮树一般不发病，老弱树易发病。凡树势衰弱、果园郁闭、湿度大均有利于发病。

3. 防治方法

（1）农业防治 ①合理施肥，培育壮树，提高抗病能力。②田间发现病死树及时刨除，远离桃园放置或烧毁。③及时刮除病树上的子实体，涂抹波尔多液保护伤口，刮下的子实体带到园外集中烧毁。

（2）化学防治 加强对蛀干害虫的防治，对锯口及时涂抹1%硫酸铜液后，再涂波尔多液或机油保护，以减少病菌侵染。

（九）流胶病

桃树流胶病分侵染性流胶和非侵染性流胶两种。该病也危害杏、李、樱桃、梅等核果类果树及一些同类观赏树木。

1. 发病症状

（1）侵染性流胶 由病菌引起，主要危害枝干，也可侵染果实。1年生嫩枝染病，初期以皮孔为中心产生疣状小突起，扩大后形成瘤状突起物，其上散生针头状小黑粒点（病菌分生孢子器），当年不发生流胶现象。翌年5月上旬，病斑扩大，瘤皮开裂，溢出无色半透明稀薄而有黏性的软胶，不久变为茶褐色，质地变硬呈结晶状，吸水后膨胀成为冻状的胶体。被害枝条表面粗糙变黑，并以瘤为中心逐渐下陷，形成圆形或不规则形病斑，其上散生小黑点，严重时枝条凋萎枯死，树体早衰。果实染病，初为褐色腐烂状，逐渐密生粒点状物，湿度大时从粒点孔口溢出白色块状物，发生流胶现象，严重影响桃果品质和产量。

（2）**非侵染性流胶**　又称生理性流胶病，主要危害主干和主枝丫杈处，小枝条、果实也可被害。主干和主枝受害初期，病部稍肿胀，早春日平均气温15℃左右开始发病，5月下旬至6月下旬为第一次发病高峰，8～9月份为第二次发病高峰期，以后随气温下降，逐步减轻直至停止。枝干发病后，从病部流出半透明黄色树胶，树胶与空气接触后变为红褐色，干燥后变为红褐色至茶褐色的坚硬胶块。病部易被腐生菌侵染，使皮层和木质部变褐腐烂，导致树势衰弱，严重时枝干或全株枯死。果实发病，由果核内分泌黄色胶质，溢出果面，病部硬化，严重时龟裂，不能生长发育。

2. 发病特点　霜害、冻害、病虫害、雹害及机械伤害造成伤口，均可引起流胶；栽培管理不当，如施肥不当、修剪过重、结果过多、栽植过深、土壤黏重等原因，引起树体生理失调，而导致流胶。雨季、特别是长期干旱后突降暴雨，流胶病严重；树龄大的桃树流胶严重，幼龄树发病轻；果实流胶与虫害有关，天牛、吉丁虫、小蠹危害常引起枝干流胶，椿象刺吸危害常引起果实流胶；黏壤土和肥沃土栽培果树病易发生流胶。

3. 防治方法

（1）**农业防治**　①建园时选用沙壤土地，避免黏重涝洼地，不重茬栽树，起垄栽培。②结合冬剪，彻底清除被害枝梢；桃树萌芽前，用抗菌剂"402"100倍液涂刷病斑，杀灭越冬病菌，减少初侵染源。及时防治害虫，冬春季树干涂白，预防冻害和日灼伤。③加强桃园管理，增强树势。低洼积水地注意开沟排水，增施有机肥及磷、钾肥，修剪后立即用杀菌剂涂抹剪锯口。

（2）**化学防治**　桃树生长期防治其他病害时，注意喷洒枝干。早春发芽前，将流胶部位病组织刮除，伤口涂抹45%晶体石硫合剂30倍液。

（十）李红点病

李红点病在国内李树栽植区均有分布，危害较重，主要危害果实和叶片。

1. 发病症状　叶片发病初期出现橙黄色、稍隆起的近圆形斑点，后病斑扩大、颜色变深，出现深红色的小粒点。后期病斑变成红黑色，正面凹陷，背面隆起，上面出现黑色小点。发病严重时，病叶干枯卷曲，提前脱落。果实发病是在果面产生橙红色圆形病斑，稍凸起，边缘不明显，初为橙红色，后变为红黑色，散生深色小红点。

2. 发病特点　李红点病属真菌性病害。病菌在病落叶上越冬。翌年李树开花末期，病菌孢子借风、雨传播。从展叶期至9月份都能发病，尤其在雨季高温、高湿发病严重。地势低洼、土壤黏重、管理粗放、树势弱有利于该病发生。

3. 防治方法

（1）**农业防治**　①冬季结合修剪，彻底清除病叶、病果，集中深埋或烧毁。②合理密植与修剪，增强果园通风透光。雨季及时排水，降低果园湿度。

（2）**化学防治**　李树谢花至幼果膨大期，树上相继喷洒65%代森锌可湿性粉剂500～600倍液，或50%异菌脲可湿性粉剂800倍液，或40%氟硅唑乳油8 000倍液，或70%代森锰锌可湿性粉剂800倍液，或10%苯醚甲环唑水分散粒剂2 500倍液等，间隔2周左右喷1次，遇雨要及时补喷，可有效防治李树红点病。

（十一）李袋果病

李袋果病主要危害李子果实，也危害叶片、枝干。

1. 发病症状　果实在落花后即出现病症，初期呈圆形或袋状，后变狭长略弯曲，病果表面平滑，浅黄至红色，中空如囊，因此得名。病果后期失水皱缩后变为灰色、暗褐色至黑色，冬季悬挂于树枝上或脱落。叶片染病，在展叶期变为黄色或红色，叶面肿胀皱缩不平，变脆。

2. 发病特点　李袋果病由真菌引起，病菌主要在芽鳞片上、树皮裂缝内越冬。李树萌芽时，越冬病菌进行初侵染，发病后形成孢子向外扩散进行再侵染。早春低温多雨，病害发生较重。该病害于 3 月中旬开始发病，4 月下旬至 5 月上旬为发病盛期。一般低洼潮湿地、江河沿岸、湖畔李园发病较重。

3. 防治方法

（1）农业防治　①冬季结合修剪等管理，剪除病枝，摘除宿留树上的病果，集中深埋。②李子生长期，田间发现病叶、病果、病枝及时摘除，集中深埋。

（2）化学防治　①早春李树花芽萌动前，用 3～4 波美度石硫合剂或 1∶1∶100 等量式波尔多液喷洒枝干，以铲除树体上的越冬菌源。②李树花芽开始膨大至露红期，树上喷洒 70%代森锰锌可湿性粉剂 600 倍液＋70%甲基硫菌灵可湿性粉剂 600 倍液等。谢花后，树上喷洒 10%苯醚甲环唑水分散粒剂 1 500 倍液。

（十二）樱桃褐斑病

樱桃褐斑病属于真菌性病害。

1. 发病症状　主要危害叶片和新梢，叶片发病出现大小不等的圆形或近圆形病斑，边缘紫色或红褐色，中央灰褐色，有的扩大形成同心轮纹状斑。在潮湿条件下，病斑上产生黑色小霉点。后期在病斑周围形成绿色斑驳，导致叶片提前脱落。

2. 发病特点 病原菌在病落叶上或枝梢病组织内越冬。翌年春季展叶后产生分生孢子，借风、雨传播。6月份发病，8～9月份为发病盛期。温暖、多雨的条件易发病。树势衰弱、潮湿环境发病重。

3. 防治方法

（1）**农业防治** ①结合冬季修剪，彻底清除园内落叶、枝条，集中处理。②合理施肥和浇水，及时摘心、拉枝，改善通风透光条件，降低果园湿度，减轻病害发生。

（2）**化学防治** 樱桃展叶后及时喷药防护。药剂可选用50%异菌脲可湿性粉剂1000倍液，或70%代森锰锌可湿性粉剂600倍液，或60%甲硫·异菌脲可湿性粉剂1000倍液，或43%戊唑醇悬浮剂3000倍液。

（十三）大樱桃病毒病

1. 发病症状 樱桃病毒病由病毒引起，常见发病症状是叶片褪绿、坏死或扭曲，植株矮化，长势衰弱，结果少，果实发育不良，果小色差，风味较淡。

2. 发病特点 樱桃病毒的传播方式比较复杂，可通过花粉、昆虫、嫁接及根部线虫等传播，整株带毒。肥水不足、管理不善、过度使用生长抑制剂多效唑可加重病毒病发生。

3. 防治方法 在樱桃树生长季节要及时防治叶蝉和绿盲蝽等传毒媒介昆虫，防止病毒的传播。

（1）**农业防治** ①修剪换树时，要对修剪工具用酒精或肥皂水进行浸泡消毒处理，防治工具带毒传染。嫁接苗木时，嫁接刀也要消毒，避免通过嫁接工具传播。②合理施肥灌水，增强树势，少用多效唑，合理留果，提高树体抗病性。

（2）**化学防治** 发病初期，树上喷洒7.5%克毒灵水剂600～800倍液，或20%吗胍·乙酸铜可湿性粉剂500倍液。

二、主要虫害

（一）桃树蚜虫

危害桃树的蚜虫主要有3种，即桃蚜、桃粉蚜和桃瘤蚜。它们也危害杏、李、梅等。

1. 病　症

（1）**桃蚜**　又名烟蚜。以成、若蚜群集于桃芽、叶片、嫩梢上刺吸危害，叶片被害后向背面不规则地卷曲皱缩，常导致叶片枯黄脱落，抑制新梢生长。排泄的蜜露诱致煤污病的发生，并传播病毒病。

（2）**桃粉蚜**　又名桃大尾蚜。以成、若蚜群集于新梢和叶背刺吸汁液，被害叶片失绿并向叶背面纵卷，卷叶内有白色蜡粉，严重时叶片早落，枝梢干枯，虫体排泄的蜜露常引致煤污病发生。

（3）**桃瘤蚜**　又名桃瘤头蚜。以成、若蚜群集于叶片背面刺吸汁液，致使叶缘向背面纵卷成管状，卷叶处组织肥厚凹凸不平，初时淡绿色，后呈桃红色。严重时全叶卷曲很紧，似绳状或皱成一团，最后干枯脱落。

2. 发生规律　3种蚜虫均以卵在枝条上的芽旁边越冬。桃树花芽萌动期越冬卵孵化，蚜虫开始危害幼芽、嫩叶，谢花后的新梢生长期为发生危害盛期。夏季新梢停长后，蚜虫转移到附近其他寄主上取食，秋季又迁回桃树、杏树、李树上危害，逐渐形成性蚜，交配产卵越冬。

3. 防治方法

（1）**生物防治**　蚜虫的自然天敌种类很多，如瓢虫、草蛉、小花蝽、食蚜蝇、寄生蜂等，应加以保护及利用，果园生草和种植一些小花型植物（薄荷、香菜、夏至草等）可引诱天敌。

（2）**化学防治**　春季发芽和新梢生长期是蚜虫发生危害期，也是防治的关键期，一定要在卷叶前喷药，萌芽期喷药可以减少用药并能减轻后期防治压力。有效药剂为22%氟啶虫胺腈悬浮剂5 000倍液，或10%吡虫啉可湿性粉剂4 000倍液，或3%啶虫脒乳油2 000倍液，或2.5%高效氯氟氰菊酯乳油2 000倍液等。

（二）桃一点叶蝉

又名桃小绿叶蝉、桃小浮尘子，以成、若虫刺吸桃树汁液并破坏叶绿素，被害叶片正面出现黄白色斑点，渐扩大连成片，严重时全叶苍白，影响光合作用。可危害桃、杏、李、樱桃、樱花、碧桃等核果类树木。

1. 发生规律　1年发生4～6代，以成虫潜伏于树下落叶和杂草、树皮缝隙及常绿植物上越冬。翌年春季桃芽萌发现蕾时越冬成虫出蛰，迁飞到果树上危害嫩叶，也危害花萼和花瓣，被害部位出现半透明斑点。成虫多产卵于桃叶叶背主脉内，卵期5～20天；若虫期10～20天，非越冬成虫寿命30天；完成1个世代需要40～50天。果树落叶后，成虫迁往越冬场所进行越冬。

2. 防治方法

（1）**农业防治**　清洁果园，减少虫源。成虫出蛰前，清除果园内及周围的落叶和杂草，集中烧毁或深埋，以减少越冬虫源。

（2）**化学防治**　在各代若虫孵化盛期及时喷药，常用药剂为25%噻虫嗪可湿性粉剂3 000倍液，或5%高效氯氰菊酯乳油2 000倍液，或10%吡虫啉可湿性粉剂4 000倍液等。一般在防治蚜虫、介壳虫、梨小食心虫时可兼治桃一点叶蝉。

（三）红蜘蛛

在桃、杏、李、樱桃上发生的红蜘蛛主要是山楂叶螨。以成螨、幼若螨群集叶片背面刺吸危害，主要集中在主脉两侧，成螨有吐丝结网习性。叶片受害后，在叶片正面出现黄色失绿斑点，并逐渐扩大成片，叶片背面呈锈红色。受害严重时，叶片呈灰褐色焦枯以至脱落。

1. 发生规律 山楂叶螨1年发生多代，由北向南代数逐渐增加。以受精冬型雌成螨在主枝、主干的树皮裂缝内及老翘皮下越冬，也有部分在落叶、枯草或石块下面越冬。翌年，桃树开花时开始出蛰上树，先在内膛的芽上取食、活动，随后逐渐向四周扩散。越冬雌螨取食几天后开始产卵，谢花后15天左右为产卵高峰期。第一代螨发生较为整齐，以后各代重叠发生，麦收前后，种群数量增加迅速，山东6～7月份为全年猖獗危害期。雨季到来后，由于雨水冲刷和自然天敌数量增加，山楂叶螨数量急剧降低。10月中旬后，陆续进入越冬场所。

2. 防治方法

（1）农业防治 秋季落叶后，彻底清扫果园内落叶、杂草，集中处理深埋或投入沼气池。成螨越冬前，在树干上绑扎废果袋或布条，诱集越冬成螨，冬季修剪时解下烧掉。

（2）生物防治 该螨的主要天敌有塔六点蓟马、捕食螨和小花蝽，在它们大量发生时果园尽量少喷洒触杀性杀虫剂，以减轻药剂对天敌昆虫的伤害。在果树行间种草或适当留草，为天敌提供补充食料和栖息场所。也可直接购买塔六点蓟马，按照产品说明书进行释放。

（3）化学防治 谢花后10天左右，树上喷洒长效杀螨剂，如24%螺螨酯悬浮剂3 000倍液，或11%乙螨唑悬浮剂5 000～7 500倍液，或5%噻螨酮乳油1 500倍液。成螨大量发生期，叶面喷洒速效性杀螨剂，如15%哒螨酮乳油3 000倍液，或1.8%阿维菌素乳油4 000倍液，或15%三唑锡可湿性粉剂1 500倍液，或43%联苯菊酯悬浮剂3 000～5 000倍液等。

（四）桃潜叶蛾

桃潜叶蛾又名桃潜蛾，在我国桃产区均有发生。主要危害桃，还危害李、杏、樱桃等。以幼虫在叶肉里蛀食呈弯曲隧道，有的似同心圆状蛀道，有的呈线状，粪便充塞蛀道内，虫道破裂成孔洞，致使叶片破碎干枯脱落。

老熟幼虫体长约6毫米，淡绿色，头淡褐色。胸足、腹足均短小。蛹茧长椭圆形，白色，两端具长丝，黏附于枝叶上。

1. 发生规律 1年发生7～8代，以成虫在落叶、杂草、土块、石块下、树皮缝、墙缝内越冬。翌年桃树发芽时成虫开始出蛰活动，成虫昼伏夜出，产卵于叶表皮内。孵化后幼虫在叶肉内潜食，老熟后钻出叶片，于叶片背面吐丝结茧化蛹，少数于枝干上或树下杂草上结茧化蛹。四川龙泉一般于4月中旬始见第一代幼虫，4月下旬出现第一代成虫，以后每16～30天完成1代。发生期不整齐，世代重叠现象严重。从桃树落叶期开始，成虫陆续进入越冬状态。

2. 防治方法

（1）**农业防治** 清洁果园。桃树花芽萌动前，清除园内及四周落叶和杂草，集中投入沼气池或结合施肥深埋，消灭越冬虫源。

（2）**物理防治** 桃树花期开始时田间悬挂桃潜蛾性诱剂和诱捕器，诱杀雄成虫。每亩桃园挂6～7个诱捕器，隔20～30天更换1次性诱芯，至10月份结束。同时，此法可以监测成虫发生期，指导树上喷药防治。

（3）**化学防治** 第一、第二代成虫盛发期后5天，树上分别喷洒1.8%阿维菌素乳油3 000倍液。

（五）桃蛀螟

又称桃斑螟，以幼虫蛀食桃、杏、板栗、石榴等果树的果实，在桃上由蛀孔分泌黄褐色透明胶液，果实变色脱落，果内有大量红褐色虫粪。

1. 发生规律 北方果区1年发生2～3代，以老熟幼虫于玉米、向日葵、蓖麻等残株内结茧越冬。桃树幼果期化蛹，成虫羽化后主要产卵于桃果柄洼内或两果相接处。初孵幼虫先吐丝蛀食，老熟后爬出果外结茧化蛹。第一代卵主要产在桃、杏等核果类果树上，第2～3代卵多产于玉米、向日葵、板栗等植物上，幼虫危害至9月下旬，老熟后寻找适当场所结丝茧越冬。

2. 防治方法

（1）**物理防治**　在成虫盛发期，利用黑光灯或糖醋液、桃蛀螟性诱剂诱杀成虫。

（2）**化学防治**　在卵盛期至孵化初期喷药防治，防治药剂同第四章的梨小食心虫。

（六）桃 仁 蜂

桃仁蜂主要危害桃、杏、李。以幼虫蛀食正在发育的核仁，致使桃果成为灰黑色僵果而脱落，少量被害僵果残留枝上至翌年开花结果后也不脱落。

1. 发生规律　1年发生1代，以老熟幼虫于被害果核内越冬。翌年4月中旬，越冬幼虫开始化蛹。5月中旬开始羽化成虫，当桃果长成大花生仁大小时，成虫发生最盛，并产卵于幼果内，1果产1粒卵。孵出的幼虫即在果核内蛀食，果仁蜡熟时幼虫发育老熟，此时核仁多被食尽，仅残留部分仁皮，幼虫留在果核内越夏、越冬。

2. 防治方法

（1）**农业防治**　冬季至春季萌芽前，彻底清理果园，捡拾地上落果及摘除树上僵果，集中烧毁。

（2）**化学防治**　成虫发生期，树上连续喷洒4.5%高效氯氰菊酯乳油2 000倍液2次，两次喷药间隔5天左右。

（七）李 实 蜂

李实蜂是危害李子幼果的一种重要害虫，在国内广泛分布。

幼虫黄白色，在幼果内取食果核，导致果内被蛀空，堆满虫粪，受害果实提前脱落。由于该虫发生期早，危害重，因此对李果实产量影响很大。从花期开始，幼虫常将果肉、果核食空，将虫粪堆积在果内，造成大量落果。

1. 发生规律 李实蜂1年发生1代，以老熟幼虫在土壤内结丝茧越夏越冬，休眠期长达10个月。翌年3月下旬，李树萌芽时化蛹，李树花期成虫羽化，成虫产卵于李树花托或花萼表皮下。幼虫孵出后爬入花内，蛀食花托、花萼和幼果。1头幼虫危害1只果实，没有转果习性，幼虫老熟后落地结茧进入休眠状态。

2. 防治方法

（1）农业防治 在李果发育前期，及时捡净李子园内的落果，带出园外碾压死果内幼虫。

（2）生物防治 李实蜂幼虫老熟期，树下喷洒昆虫病原线虫悬浮液，令其寄生脱果入土的老熟幼虫，每亩约2亿条。

（3）化学防治 李子初花期，树下喷洒40%辛硫磷乳油400～500倍液，或5%顺式氯氰菊酯乳油2 000～3 000倍液，防治刚羽化的成虫。盛花期后，树上喷洒6%乙基多杀菌素悬浮剂1 500～2 000倍液，杀灭卵和初孵幼虫。

（八）樱桃实蜂

樱桃实蜂主要寄生危害中国樱桃、甜樱桃。该虫目前主要分布于四川、陕西、甘肃等省的樱桃产区。以幼虫危害果实，在果内取食果核和果肉，果内充满虫粪，果顶变红，造成果实提前脱落，严重影响产量，甚至绝产。初孵幼虫头深褐色，体白色，透明；老熟幼虫头淡褐色，体黄白色，体长8.4～9.6毫米，胸足发达，腹足不发达，体侧多皱纹和突起。

1. 发生规律 1年发生1代，以老龄幼虫结茧在树下土壤内越夏和越冬。12月中旬开始化蛹，翌年3月中下旬樱桃花期成虫羽化，羽化盛期为樱桃始花期。成虫早晚及阴雨天栖息于花冠上，取食花蜜补充营养，中午交尾产卵，大多数卵产在花萼表皮下，初孵幼虫从果顶蛀入，在果实内取食果核和果肉，蛀孔周围堆有少量虫粪并渐渐愈合为小黑点。随着虫体长大，果实内逐渐被食成空壳，致使果实在着色前大量脱落。5月份幼虫老熟后，从果柄附近咬一脱果孔钻出落地，进入浅层土壤内结茧滞育。

2. 防治方法

（1）**农业防治**　幼果期至膨大期，及时摘除树上虫果和捡拾树下落果，集中起来装在黑塑料袋内，扎紧袋口，放置在阳光下暴晒1周，即可杀死果内幼虫。

（2）**生物防治**　幼虫脱果期至8月上旬，用昆虫病原线虫悬浮液浇灌或喷洒樱桃园土壤1～2次，使其寄生樱桃实蜂老熟幼虫。

（3）**化学防治**　樱桃初花期，树上喷洒2.5%高效氟氯氰菊酯乳油2 000倍液＋1.8%阿维菌素乳油3 000倍液，3天后再喷洒1次，可有效防治樱桃实蜂成虫和初孵幼虫。喷洒药剂会伤害蜜蜂，最好在傍晚喷药，避开蜜蜂活动期，保证蜜蜂在白天完成授粉。

（九）樱桃果蝇

目前，在我国危害樱桃的果蝇主要有3种，即黑腹果蝇、斑翅果蝇（铃木氏果蝇）、海德氏果蝇，目前我国樱桃产区以黑腹果蝇和斑翅果蝇为主。它们均以蛆状幼虫钻蛀危害樱桃果实，特别是在果实近成熟期危害最重，导致果实大量腐烂。由于果蝇产卵于果皮下，早期不易被人发现，常会随销售果进入市场或进行远距离传播，在货架期和出售期发育成幼虫，被消费者发现而引起恐慌，导致大量樱桃难于出售。上述果蝇除危害樱桃外，还危害蓝莓、桃、李、杨梅、葡萄等多种水果的果实。

1. 发生规律　黑腹果蝇1年发生10余代，斑翅果蝇自北向南1年发生3～10代。二者均以蛹在土壤内1～3厘米处越冬，有的在果品库、商场、家庭内越冬。翌年春季气温15℃左右，10厘米地温5℃时越冬蛹开始羽化为成虫；当气温稳定在20℃左右，地温15℃虫量增大，恰逢樱桃各品种陆续进入成熟期，故成虫开始在樱桃果实上产卵，6月上中旬为产卵盛期和危害盛期。成虫将卵产在樱桃果皮下，卵期很短，孵化后的幼虫由外向里蛀食果实，一粒果实上往往有多头果蝇危害，果实逐渐软化、变褐、腐烂。幼虫期5～6天，老熟后脱果落地化蛹。蛹羽化为成虫继续产卵繁殖下一代，田间出现世代重叠现象。樱桃采收后，果蝇便转向相继成熟的桃、李、蓝莓、葡萄等成熟果实或烂果实。9月下旬后，随气温下降，北方樱桃果蝇成虫数量逐渐减少，10月下旬至11月初成虫在田间消失，以蛹进行越冬。

斑翅果蝇喜欢在阴湿、凉爽环境下生存，高温、干燥均不利于该虫的发生。雌蝇对樱桃的产卵嗜好是成熟果实近成熟＞未成熟，晚熟品种＞早熟品种，深红色品种＞红色品种＞黄色品种。

2. 防治方法

（1）**农业防治**　及时捡拾干净园内外的落果、烂果，带出园外集中浸泡到盐水中，杀灭果实内的卵和幼虫。

（2）**化学防治**　①在樱桃果实膨大着色期，清除园内杂草和果园周边的腐烂垃圾，同时用10%氯氰菊酯乳油2 000～4 000倍液，对地面和周围的荒草坡喷雾处理，消灭其内潜藏和滋生的果蝇。②烟雾熏杀。在樱桃果实膨大着色进入成熟前，用1.82%胺氯菊酯熏烟剂按1:1对水，用喷烟机顺风对地面喷烟，熏杀果蝇成虫。③诱杀成虫。在成虫发生期利用果蝇成虫趋化性，用敌百虫:糖:醋:酒:清水＝1:5:10:10:20，配制成诱饵糖醋液，将装有糖醋液的塑料盆放于樱桃园树冠荫蔽处，高度不超过1.5米，每盆1千克左右，每亩放8～10个盆。定期清除盆内成虫，每周更换1次糖醋液，虫量大或雨水多时应视情况补充糖醋液，确保毒饵充足。

（3）**采后低温处理**　樱桃采收后，先用4℃冷水冲洗。然后在 1～4℃条件放置 4 小时左右，既能起到保鲜作用，又能冻死果实内的蝇卵和初孵幼虫。

（十）康氏粉蚧

康氏粉蚧又名梨粉蚧、桑粉蚧，在国内广泛分布。可危害桃、梨、苹果、葡萄、杏、李、梅等多种果树。雌成虫扁椭圆形，体长 3～5 毫米，体表覆有白色蜡粉，体缘有 17 对白色蜡丝，最末 1 对特长，接近体长。若虫体扁椭圆形，长约 0.4 毫米，浅黄色，外形似雌成虫。

以成虫、若虫刺吸果实、叶片、嫩枝汁液。被害果实生长发育受阻，果面很脏，严重降低果品质量。特别是套袋的桃、梨、苹果、葡萄等果实容易发生康氏粉蚧，虫体多集中在果实梗洼处取食。

1. 发生规律　该虫 1 年发生 2～3 代，以卵在树皮缝隙或石块、土缝中越冬。桃树发芽时，越冬卵孵化为若虫上树取食，危害果实和枝叶。由于该虫喜欢生活在阴暗潮湿处，故果实套袋为该虫提供了适宜场所，导致套袋果实上的康氏粉蚧发生危害程度较重。

2. 防治方法

（1）**农业防治**　果实套袋时，扎紧袋口，阻止害虫进入袋内危害果实。

（2）**化学防治**　若虫发生盛期，树上喷洒 5% 吡虫啉乳油 2000 倍液，或 5% 高效氯氰菊酯乳油 2000 倍液。套袋果品一定要在套袋前和套袋后专门喷药防治该蚧壳虫，药液干后立即套袋，最好当天喷药当天套袋，严防康氏粉蚧爬上果实和进入袋内。

（十一）桑　白　蚧

又名桑盾蚧，俗称树虱子，在国内广泛分布。寄主为桃、李、杏、樱桃、苹果、葡萄、核桃、梅、柿、柑橘、白蜡等。雌成虫呈宽卵圆形，橙黄色或淡黄色，头部褐色三角状，体表覆盖灰白色近圆形蜡壳，壳长 2～2.5 毫米，背面隆起。以若虫和雌成虫刺吸枝干汁液，削弱树势，重者致树枯死。

1. 发生规律 北方果区 1 年发生 3 代，以受精雌虫于枝条上越冬。寄主芽萌动后开始吸食汁液，虫体迅速膨大，4 月下旬至 5 月上旬产卵，卵产于介壳下。5 月中、下旬出现第一代若虫，爬出介壳向四周扩散，然后固着在枝干上刺吸危害。6 月中下旬至 7 月上旬出现成虫，交尾产卵，卵孵化期为 7 月下旬至 8 月中旬。

2. 防治方法

（1）**农业防治** 冬季刮除枝条上蚧壳虫的越冬虫体，3 月中旬至 4 月上旬，用硬毛刷或钢丝刷刷死枝条上的越冬幼虫。

（2）**化学防治** 桃树花芽露绿期，结合防治蚜虫树上喷洒 10% 吡虫啉可湿性粉剂 4 000 倍液 ＋ 90% 机油乳剂 100 倍液，一定要喷严枝干，可有效防治蚧壳虫危害。在大樱桃、杏采果后，结合防治叶蝉、刺蛾等害虫，喷洒 4.5% 高效氯氰菊酯乳油 2 000 倍液进行防治。注意喷透枝叶和喷严树干。桃树每次喷药时都要喷洒枝干。

（十二）桃 球 蚧

桃球蚧又名朝鲜球坚蚧、桃球坚蚧。国内分布广泛，主要危害桃、杏、李、梅、樱桃、苹果、梨等果树。雌成虫身体半球形，直径约 4 毫米，高 3.5 毫米，初期介壳软黄褐色，后期硬化红褐色至黑褐色，表面有皱状小刻点。以若虫及雌成虫群集固着在枝干上吸食汁液，被害枝条生长衰弱，严重时枯死。

1. 发生规律 该虫 1 年发生 1 代，以 2 龄若虫（体表覆有灰色蜡层）在小枝条上越冬。桃树萌芽时越冬虫体开始爬行寻找新的危害部位，固着刺吸危害枝条。取食后身体逐渐长大，分化发育成雌、雄成虫。交尾后雌成虫迅速膨大，并产数百粒卵于介壳下。经 10 天左右，卵孵化。6 月上旬初孵若虫从母体介壳下爬出，分散到枝条上固着危害，并分泌蜡质覆盖于体表。10 月上旬开始进入越冬状态。全年 4 月下旬至 5 月上旬危害最盛。

2. 防治方法 同桑白蚧。黑缘红瓢虫是其主要捕食性天敌，在春季对桃球坚蚧的控制能力很强，应注意保护和利用。

（十三）草 履 蚧

草履蚧又名草履硕蚧、草鞋介壳虫，俗名大树虱子。在我国多数果区分布，可危害桃、樱桃、苹果、梨、柿、核桃、枣等多种果树，也危害多种林木。雌成虫扁椭圆形，体长约 10 毫米，形似鞋底状，背面隆起。身体黄褐色至红褐色，外周淡黄色。以雌成虫及若虫群集于枝干上吸食汁液，刺吸寄主的嫩芽和嫩枝，导致树势衰弱，发芽推迟，叶片变黄。

1. 发生规律 该虫 1 年发生 1 代，以卵在树干基部附近的土壤中越冬。在山西、陕西等地，越冬卵大部分于翌年 2 月中旬至 3 月上旬孵化。2 月底若虫开始上树，3 月中旬为上树危害盛期，4～5 月初危害最重。1 龄若虫危害期长达 50～60 天，经两次蜕皮后雌、雄虫分化。5 月上旬出现成虫并进行交配，交配后的雌成虫仍继续停留在树上危害一段时间。5 月上中旬雌成虫开始下树入土，分泌卵囊产卵越夏越冬。

2. 防治方法

（1）**物理防治** 2 月初在树干基部涂抹宽约 10 厘米的黏虫胶，隔 10～15 天涂抹 1 次，共涂 2～3 次，涂抹前清理被黏杀的虫体，可有效阻隔草履蚧上树和黏杀若虫。

（2）**化学防治** 草履蚧发生严重的果园，从 2 月底 3 月初开始，对果树的主干或枝条进行喷药，每隔 5～7 天喷 1 次，连喷3～4 次。药剂选用 4.5% 高效氯氰菊酯乳油 2 000 倍液，或 40% 辛硫磷乳油 800 倍液。

（十四）桃红颈天牛

桃红颈天牛又名红颈天牛，俗名铁炮虫、哈虫，在国内绝大部分省（区）有分布。主要危害桃、杏、李、梅、樱桃等核果类果树。成虫虫体黑色，有光泽，体长26～37毫米。前胸背面红色（所谓红颈），两侧缘各有1个刺状突起，背面有4个瘤突。触角丝状，蓝紫色。老熟幼虫体长40～50毫米，乳白色，近老熟时黄白色。

以幼虫钻蛀危害果树枝干，在枝干内形成蛀道，并在表皮有排粪孔，排出大量红褐色木屑状粪便。影响树体水分和养分的输送，导致树势急剧衰弱，甚至枯死。

1. 发生规律　北方果区2～3年发生1代，幼虫在韧皮部和木质部之间虫道内越冬。翌年4月份又开始活动危害，到第2～3年的5～6月份，幼虫老熟化蛹，经20～25天羽化为成虫。成虫交尾后在树皮缝中产卵，卵期7～9天，幼虫孵化后在皮下蛀食。

2. 防治方法

（1）农业防治＋化学防治　①成虫发生期，人工捕捉成虫。发现新排粪孔后，用铁丝清除虫粪，往孔内塞3～5粒樟脑丸碎粒或注射敌敌畏10倍液，然后用黄泥封口，以防漏气。也可使用毒签毒杀。②树干涂白。成虫产卵期在树干上涂刷石灰硫黄混合涂白剂（生石灰10份：硫黄1份：水40份）以阻止成虫产卵。

（2）生物防治　春季在害虫开始排粪期向洞内施2.5万条/毫升昆虫病原线虫，可有效预防天牛危害。

第七章
石榴主要病虫害防治

一、主要病害

（一）石榴干腐病

石榴干腐病又称石榴白腐病，属真菌性病害。

1. 发病症状　主要危害果实和枝干。果实被害初期果面发生褐色小病斑，后期病斑逐渐扩大至整个果实腐烂，逐渐失水干缩为褐色僵果，其上密生黑色小粒点，即病菌分生孢子器。枝干被害，树皮颜色变深褐色干枯，其上密集小黑点，病健交界处皮裂开，病皮翘起，病枝上面着生的叶片变黄，病斑以上枝条逐渐枯死。

2. 发病特点　石榴干腐病病菌在病果、病枝上越冬。翌春产生大量分生孢子，经风雨传播至果实和枝条上，通过皮孔、伤口进行初侵染和多次再侵染，造成该病扩展蔓延。一般果实长到七成大小时开始发病，发病适温 24～28℃，气候潮湿有利于该病发生。另外，冻害容易诱发枝干干腐病的发生与加重。

3. 防治方法

（1）**农业防治**　清洁果园。冬季结合修剪将病枝、烂果等清除干净；春季刮除枝干上的病斑并将其烧毁，枝干上涂抹石硫合剂或甲基硫菌灵药液；夏季要随时摘除病落果，深埋或烧毁。冬季注意保护树体，预防冻害。

（2）**物理防治** 果实套袋。幼果期给果实套专用纸袋，阻止病菌侵染果实。

（3）**化学防治** 早春喷3～5波美度石硫合剂，5～8月份喷1∶1∶160波尔多液，发病初期喷洒50%甲基硫菌灵可湿性粉剂700倍液，或25%吡唑醚菌酯乳油1 500～2 000倍液，15天左右喷1次。

（二）石榴褐斑病

石榴褐斑病又名角斑病，主要危害叶片和果实，发病严重时可导致大量落叶。

1. 发病症状 叶片发病初期，叶面上产生针眼儿大小的紫红色斑点，而后逐渐扩展为圆形、多角形或不规则形病斑，大小1～3毫米，紫褐色或近黑色，斑点中央有时呈浅褐色至灰褐色。多个病斑连接成片，使叶片干枯脱落。果实发病症状为果皮上出现红褐色斑点，多角形至不规则形。

2. 发病特点 石榴褐斑病由真菌引起，病菌在病落叶上越冬。翌春气候条件适宜时产生分生孢子，借风雨传播，从伤口或穿过寄主表皮侵入，进行初侵染和多次再侵染。5月下旬开始发病，病菌先侵染植株下部叶片，后向上扩展蔓延。梅雨季节该病扩展速度快，是一年中的发病高峰期。

由于该病菌孢子在高温下不萌发，所以褐斑病在梅雨期间或秋季多雨季节发病较为严重，夏季不利于发病。另外，石榴不同品种对褐斑病的抗性有差异，白石榴、千瓣白石榴和黄石榴一般比较抗病，千瓣红石榴、玛瑙石榴易感染此病。

3. 防治方法

（1）**农业防治** ①在石榴褐斑病重灾区，选用抗病品种建园。②冬季清园时，清除病残叶、枯枝，集中烧毁或结合施肥深埋，以减少菌源。③合理密植和修剪，增强石榴园内的通风透光性，降低小环境湿度，减轻发病。

（2）**化学防治** 发病初期，树上喷洒 50% 甲硫·硫黄悬浮剂 800 倍液，或 50% 多菌灵可湿性粉剂 800 倍液，或 40% 氟硅唑乳油 7 000 倍液，或 12.5% 腈菌唑乳油 4 000 倍液，春季地面和树上同时喷药效果更好。

（三）石榴疮痂病

石榴疮痂病是 1996 年在我国发现的一种新病害，主要危害果实和花萼，也危害枝干。

1. 发病症状 在果实和花萼上发病，病斑初期为水渍状，后渐变为圆形至椭圆形的红褐色、紫褐色至黑褐色病斑，斑径 2～5 毫米。后期多个病斑融合成粗糙、不规则的疮痂状，病斑直径 10～30 毫米或更大，并出现龟裂。湿度大时，病斑内产生淡红色粉状物。

2. 发病特点 石榴疮痂病由真菌引起。病菌在病果上越冬，春季温暖、湿度大时，病部产生分生孢子，借风雨或昆虫传播，经皮孔侵染果实和花萼，形成新病斑，并产生分生孢子进行再侵染。该病害喜凉爽潮湿，气温高于 25℃ 病害趋于停滞，秋季阴雨连绵病害会大发生。

3. 防治方法

（1）**农业防治** ①石榴树休眠期，彻底清洁果园。②田间发现病果后及时摘除，带出园外集中深埋。

（2）**物理防治** 实施果实套袋，套袋前喷洒 1 次杀菌杀虫混合液，清除枝叶和果实上病虫。

（3）**化学防治** 发病初期，及时喷洒杀菌剂，可与防治石榴干腐病、褐斑病一起进行，杀菌剂相同。

（四）石榴叶枯病

石榴叶枯病属真菌性病害，在石榴产区普遍发生。

1. 发病症状　主要危害叶片，病斑圆形至近圆形，多从叶尖开始，褐色至茶褐色，后期病斑上生出黑色小粒点。

2. 发病特点　石榴叶枯病菌在病叶上越冬。翌年石榴发芽后，病菌产生分生孢子，借风雨传播至叶片上，进行初侵染和多次再侵染。夏、秋季多雨或石榴园密闭潮湿易发生叶枯病。

3. 防治方法

（1）**农业防治**　适当密植和修剪，利于石榴园通风透光，减轻发病。

（2）**化学防治**　发病初期，树上喷药防治，有效药剂为15%多抗霉素可湿性粉剂200～500倍液，或5%亚胺唑可湿性粉剂600～700倍液，或25%烯肟菌酯乳油2 000～3 000倍液，或25%吡唑醚菌酯乳油1 000～3 000倍液，每隔15天左右喷1次，共喷洒3～4次，药剂交替使用。

二、主要虫害

（一）石榴蚜虫

危害石榴树的主要是棉蚜，体色为黄色。以成虫和若虫刺吸危害新梢、花蕾、花朵等幼嫩组织，使叶片穿孔、皱缩，影响光合作用，削弱树势。受害花果生长异常，甚至脱落。同时，棉蚜分泌的黏液还可诱发煤污病，污染果面。

1. 发生规律　石榴蚜虫在山东省1年发生10余代，在云南省1年发生25代左右。以卵在被害树枝梢、芽腋、小枝杈与杂草根基部越冬。春季石榴芽萌动时，越冬卵开始孵化，危害幼芽嫩叶。石榴现蕾后，危害新梢和花蕾。蚜虫繁殖力极强，在短时间内虫口密度骤增，每次新梢生长期就会出现一个蚜虫发生高峰期。石榴采收后，树体落叶时蚜虫进行产卵越冬。

2. 防治方法

（1）**生物防治** 石榴新梢生长期和花果期，在蚜虫数量较少时，田间可释放瓢虫生物防治蚜虫。当树上蚜虫较多时，可均匀喷洒氟啶虫胺腈、螺虫乙酯等杀虫剂。

（2）**化学防治** 春季石榴芽萌动期，树上喷洒10%吡虫啉可湿性粉剂4 500倍液+2.5%氯氟氰菊酯乳油2 000倍液防治越冬卵和初孵化若虫，可兼治绿盲蝽。

（二）石榴吹绵蚧

石榴吹绵蚧是危害石榴的一种主要介壳虫，由于雌成虫和若虫体表覆盖白色蜡粉，故俗称棉花虫。该虫以若虫和雌成虫群集在石榴枝干、叶片和果实上吸食汁液，分泌黏液，诱发煤污病，影响叶片光合作用和污染果实，树势衰弱，甚至导致枝枯树死。

其雌成虫身体为椭圆形，体长6～7毫米。体表橘红色或暗红色，腹部扁平，背面隆起，外罩白色蜡质层。初龄若虫体红色，2龄虫以后体表便覆盖粉状蜡质。

1. 发生规律 1年发生2～3代，以若虫在枝条和树干上越冬。在河南项城，吹绵蚧的第一代卵和若虫盛期为5～6月份，第二代为8～9月份，是树上喷药防治的最佳时期。1～2龄若虫大多寄生在石榴叶片背面主脉附近，2龄以后逐渐迁移分散到石榴枝干的背光面聚集危害。雌虫一旦固定取食后便不再移动，并分泌蜡质，形成介壳。

2. 防治方法 ①石榴萌芽期，结合防治蚜虫喷药可兼治。一定要喷严所有枝干。②掌握在吹绵蚧初孵幼虫期喷药，防治效果较好，一定要把药剂均匀喷洒在叶片正、反面和所有枝干上。选用药剂同蚜虫和其他果树上的介壳虫。

（三）石榴桃蛀螟

桃蛀螟又称桃蛀野螟、桃蠹螟、桃实螟，是石榴的主要蛀果害虫。该虫除危害石榴外，还蛀食危害桃、杏、李、板栗、向日葵、玉米、高粱、蓖麻等植物。以幼虫钻蛀危害石榴果实，同时排出黑褐色粒状粪便，造成果实腐烂落果或干缩后挂在树上，严重影响石榴产量。

1. 发生规律　桃蛀螟1年发生4～5代，以老熟幼虫在树皮缝隙、树洞、树上和地面僵果内结茧越冬。5月份田间出现越冬代成虫，卵散产于果实上，每果产卵1～3粒。经1周左右卵孵化为幼虫，幼虫从果肩、萼筒等部位钻进果实取食，也有从果与果、果与叶、果与枝的接触处钻入。15～20天后幼虫老熟，老熟幼虫在果内或果与果、果与枝相连处化蛹。石榴果实采摘后，桃蛀螟转移到周围的其他寄主上危害。9月下旬开始，老熟幼虫陆续进入隐蔽场所结茧越冬。

2. 防治方法

（1）农业防治　①消灭越冬虫蛹。采果后至萌芽前，彻底摘除树上及捡拾树下所有果，清理果园周围的玉米、高粱、向日葵、蓖麻等遗株，刮除树上老翘皮，解除树干上的旧果袋、绑扎绳等，集中起来进行深埋或投入沼气池。②石榴园四周种植向日葵、蓖麻等诱集桃蛀螟，以减轻对石榴的危害。

（2）物理防治　①果实套袋。在石榴坐果后的膨大期进行果实套袋，阻挡桃蛀螟产卵与危害。②利用成虫趋性，在园内设置黑光灯、桃蛀螟性诱剂等诱杀成虫，并用于虫情测报。

（3）化学防治　①石榴坐果后，用50%辛硫磷乳油500倍液浸泡药棉球或与药泥堵塞萼筒。②在成虫产卵盛期适时喷药，药剂可选用2.5%溴氰菊酯乳油2 500倍液，或25%灭幼脲悬浮剂1 500倍液，或35%氯虫苯甲酰胺水分散粒剂8 000倍液。

（四）石榴茎窗蛾

石榴茎窗蛾又叫花窗蛾。以幼虫钻蛀危害新梢和多年生枝条，造成枝条大量枯萎死亡，影响果实产量，严重时可致整株树死亡。老熟幼虫体长23～33毫米，长圆柱形，头褐色，腹部末端坚硬，深褐色，背面向下倾斜。

1. 发生规律 石榴茎窗蛾在山东省枣庄市峄城区1年发生1代。以幼虫在蛀道内越冬，翌年春季3月底至4月初开始活动，继续沿原蛀道取食危害。5月下旬开始化蛹，6月下旬至7月上旬为化蛹盛期。蛹期20天左右，6月中旬开始羽化，成虫羽化后蛹壳留在羽化孔处。7月中下旬为成虫盛发期和产卵期，成虫昼伏夜出，产卵于新梢顶端芽腋处。卵期13～15天，8月上旬为卵孵化盛期，幼虫孵化后直接蛀入新梢，沿髓部向下蛀食，隔一段距离在枝条上开1个排粪孔。11月份石榴落叶后，幼虫在蛀道内停止取食。

2. 防治方法

（1）**农业防治** 春季石榴发芽后，对于不发芽的枝条应彻底剪除焚烧。在石榴开花后，经常检查枝条，发现被害新梢，及时从最后1个排粪孔的下端将枝条剪除烧毁，消灭其中的幼虫。

（2）**化学防治** 在7月中旬成虫产卵期，结合防治桃蛀螟，树上连续喷洒2.5%溴氰菊酯乳油2000倍液2次，间隔期为7天，以杀灭虫卵。

（五）石榴巾夜蛾

石榴巾夜蛾可危害石榴、月季、蔷薇等。老熟幼虫体长43～50毫米，体淡褐色或棕褐色，头部灰褐色，体背布满黑褐色不规则斑纹，有1至多条浅色纵纹；腹部第1～2节常拱起如桥似造桥虫，第八节末端有1对馒头状毛瘤，各生有1根褐色长毛。以幼虫取食石榴叶片，也危害国槐、合欢、紫薇、月季等叶片，被害叶片呈缺刻状。

1. 发生规律 石榴巾夜蛾在山东省枣庄市1年发生3～4代，以蛹在树盘土壤内越冬，分布深度2～8厘米。春季石榴萌芽时越冬蛹羽化为成虫，成虫夜间活动，有趋光习性。成虫羽化后

2～3天产卵在叶片上。第一代幼虫于4月中旬出现，幼虫体型及体色极似石榴树枝条，白天静伏在粗细程度与其身体相似的枝条上，不易被发现，夜间取食危害新梢嫩叶。幼虫经20～24天老熟，在树皮缝、草丛间或树下石块间吐丝结茧化蛹。以后发生世代重叠，各虫态共存。9月下旬，最后1代幼虫老熟，陆续化蛹进入越冬。

2. 防治方法　幼虫发生期，若田间发现危害症状，树上进行喷药防治。药剂选用拟除虫菊酯类杀虫剂，如溴氰菊酯、高效氯氰菊酯等。

第八章
枣主要病虫害防治

一、主要病害

（一）枣 疯 病

枣疯病又称丛枝病，俗名"疯枣树"或"公枣树"，是枣树的一种毁灭性病害。

1. 发病症状 枣疯病主要侵害枣树和酸枣树，一般于开花后出现明显症状，表现为花变成叶，叶片小而密，枝梢呈丛枝状。发病初期先在部分枝条和根蘖上表现症状，后逐渐扩展至全树。幼树发病后一般 1～2 年枯死，大树染病一般 3～6 年逐渐死亡。

2. 发病特点 枣疯病由类菌原体引起，可通过嫁接和分根传播，田间主要通过媒介昆虫中华拟菱纹叶蝉、凹缘菱纹叶蝉、红闪小叶蝉等传播。枣疯病在山东丘陵、山区枣树上发病严重，黄河以北平原盐碱地发生很轻，可能与传毒昆虫的种类和数量有关。

3. 防治方法 目前，极少有能防治枣疯病的药剂，只能通过防治传毒昆虫和加强栽培管理来控制该病害的发生与危害。

常年坚持及时彻底地刨除病树，保持田间在生长季节内无疯病树存在。结合其他枣树病虫害的防治，兼治传病叶蝉，可有效控制其传播和发病。另外，嫁接繁殖苗木时，接穗用 $1\,000 \times 10^{-6}$

盐酸四环素液浸泡 0.5～1 小时。

（二）枣褐斑病

枣褐斑病又叫枣黑腐病、黑斑病、浆烂果病，在国内枣产区普遍发生。

1. 发病症状　主要危害枣果，一般从枣果白熟期开始发病，着色期大量发病，引起果实腐烂和提早脱落。发病初期主要在枣果的果顶或果肩部位出现黄色或淡红色、边缘不整齐、形状不规则的水渍状小病斑，后期缓慢扩展成圆形或椭圆形红褐色大斑，病斑表面稍凹陷，斑下果肉为褐色小硬块，易剥离，味苦；最后整个病果呈黑褐色，失去光泽。

2. 发病特点　枣褐斑病病原菌在病果和枯死的枝条上越冬。翌年分生孢子借风雨、昆虫等进行传播，从伤口、皮孔或直接穿透表皮侵入。枣树落花后的幼果期病菌便开始侵染，在果皮下潜伏，到果实近着色时发病。发病早的病果提早落地，当湿度高时，又产生分生孢子再次侵染果实发病。枣褐斑病的发病轻重与当年的降雨程度及枣园空气的相对湿度密切相关，8 月中旬至 9 月上旬连续阴雨天气时，病害就可能会大暴发。树势较弱的果树，发病会早且重。椿象、桃小食心虫等害虫危害造成的伤口，有利于病原菌侵入，发病也重。

3. 防治方法

（1）**农业防治**　①在枣果成熟期及时清除落地浆烂果，冬季清扫枣园落叶、落果，集中深埋。②合理间作，行间种植花生、甘薯等矮生作物，有利于通风透光，降低湿度。增施有机肥，提高枣树的抗病能力。

（2）**化学防治**　自枣树幼果期开始喷药保护，每 15 天左右喷药 1 次，采收前 10～15 天停止喷药。药剂选用 60%唑醚·代森联水分散粒剂（百泰）1 000～1 200 倍液，或 10%苯醚甲环唑水分散粒剂 1 500～1 800 倍液，二者与波尔多液交替使用。

（三）枣 锈 病

枣锈病又叫枣雾，是枣树的一种重要病害，在主产区普遍发生危害。

1. 发病症状 枣锈病主要危害枣叶。发病初期，叶片背面散生淡绿色小点，渐形成暗黄褐色突起，即锈病菌的夏孢子堆。夏孢子堆后期破裂，散放出黄色粉末，即夏孢子。最后，在叶片正面与夏孢子堆相对的位置，出现绿色小点，使叶面呈现花叶状。病叶渐变成灰黄色，失去光泽，干枯脱落。树冠下部和内膛叶片先发病脱落，逐渐向树冠上部发展，导致枣果因水分和营养不足而皱缩，糖分降低，并影响翌年果实品质和产量。

2. 发病特点 枣锈菌属于真菌性病害，病菌在病落叶上越冬。翌年春季温、湿度条件适宜时，病菌产生的孢子随风雨传播，通过气孔侵染叶片发病。夏季产生的夏孢子可以继续侵染叶片，降雨、高湿有利于该病的发生发展，故常在8～9月份引起锈病田间大流行。地势低洼，排水不良，行间种玉米、棉花、蔬菜等作物的枣园发病较重。

3. 防治方法

（1）农业防治 ①枣树休眠期，彻底清扫枣园落叶、杂草，集中深埋或投入沼气池，减少病菌来源。②枣粮间作种植区，枣树行间尽量种植小麦、花生、甘薯等矮秆和需水少的作物，雨季及时排水，以降低果园湿度，不利于锈病的发生。

（2）化学防治 ①发病前，树上喷洒1∶2～3∶300倍量式波尔多液保护预防病害发生。②发病初期，及时喷洒25%三唑酮乳油1 000～1 500倍液，或40%戊唑醇可湿性粉剂4 000倍液治疗。

（四）枣炭疽病

枣炭疽病是枣果实的主要病害之一，常造成果实腐烂，影响品质和产量。

1. 发病症状　该病主要侵害果实，也能危害叶片和枣吊。果实多在近成熟期发病，受害果初期出现褐色水渍状小斑点，后逐渐扩大为不规则状黄褐色斑块，中间凹陷，多个病斑扩大后连接成大斑，呈红褐色，果肉变褐，味苦不堪食用。叶片受害后变黄绿，提早脱落。

2. 发病特点　枣炭疽病由真菌引起。病原菌在病果、病叶上越冬。翌年春雨后，分生孢子借风雨传播，从自然皮孔、各种伤口或直接穿透表皮侵入。枣炭疽病具有潜伏侵染现象，田间病菌在枣树开花时就可以进行侵染，但当时不发病，待到果实近成熟时或采收期才发病。发病早晚和轻重与降雨时间和大小密切相关，降水早且连续阴雨天数长（田间空气相对湿度达到90%以上）时，发病时间就早且重，降水晚就发病晚，在干旱年份发病轻或不发病。另外，害虫危害造成伤口有利于病菌侵染发病；树势健壮的枣树发病轻。

3. 防治方法

（1）农业防治　①落叶后将园内落叶、落果、树枝等清扫干净，集中烧毁或施基肥时深埋。②加强肥水管理，增施农家肥，促进树体健壮生长，提高树体抗病能力。

（2）化学防治　①枣树萌芽前，用5波美度石硫合剂喷洒枝干；幼果期喷施甲基硫菌灵进行预防。②膨果期喷洒1次200倍倍量式波尔多液。③白熟期和成熟期喷洒65%代森锰锌可湿性粉剂500倍液，或50%多菌灵可湿性粉剂800倍液。在雨水多的年份，需要增加喷药次数，几种杀菌剂交替使用，避免产生抗药性。

枣果采收后，采用炕烘法，先将枣放在55～70℃条件下，烘烤10小时，然后再晒干。防止枣在晾晒期发病或病斑扩展。

（五）枣缩果病

枣缩果病又名枣铁皮病、枣黑腐病、枣干腰缩果病、枣萎蔫果病，俗称雾抄、雾落头、雾焯、铁焦等，在国内枣区广泛发生危害。

1. 发病症状 该病主要危害果实，发病初期果面产生黄褐色不规则形小病斑，边缘比较清晰，随着病斑的扩大，融合成不规则云状病斑。果肉呈浅褐色海绵状坏死，坏组织逐渐向深层延伸，有苦味。以后病部为暗红色，果面失去光泽，病果逐渐干缩、凹陷，果皮皱缩。果柄变为褐色或黑褐色，病果提前脱落。

2. 发病特点 枣缩果病由几种病菌引起，病原菌在枣树落叶和枝干上越冬。花期开始病菌侵染幼果，病菌呈潜伏状态不立即发病。到果实白熟期开始发病，近成熟期进入发病盛期。特别是枣果梗洼变红至果面 1/3 变红的着色前期，果肉糖分达到 18% 以上，气温 26～28℃时发病最盛。

枣缩果病的发生和流行与气温、降水、大气湿度、日照等因素有关，7～8 月份阴雨天多、降雨量大就发病严重，干旱则发病轻。黏土地枣园缩果病重，沙土地枣园缩果病轻；密植枣园发病较重，零星种植枣树发病轻。

3. 防治方法

（1）农业防治 ①彻底清除枣园病果，集中烧毁或深埋，以减少病菌来源。②增施有机肥和磷、钾肥，合理使用氮肥和微量元素，壮树抗病。③做好整形修剪，使树冠通风透光，树下不种植高秆作物，降低果园湿度。

（2）化学防治 同枣炭疽病，可适当混合使用防治细菌的中生菌素，或单独多喷 1 次铜制剂。

二、主要虫害

（一）绿 盲 蝽

绿盲蝽可危害多种植物，特别是在枣、棉间作地区发生极其严重。主要以成虫和若虫刺吸危害枣树的幼芽、嫩叶、花蕾、幼果。枣树幼叶受害后，先出现红褐色或黑色的散生斑点，斑点随叶片生长变成不规则的孔洞和裂痕，叶片皱缩变黄，也称"破叶疯"。被害枣吊不能正常伸展而呈弯曲状，也称"烫发病"；顶芽受害，不能发芽或抽生一个光杆枝条。花蕾被害后即停止发育而枯死。幼果被害后，先出现黑褐色水渍状斑点，斑下果肉逐渐木栓化干缩，严重时导致僵化脱落。

1. 发生规律 1年发生4～5代，以卵在枣股芽鳞内、枝条残桩处越冬。枣树萌芽时越冬卵孵化出若虫危害新芽，随着虫体长大和枝叶生长逐渐危害嫩叶和花果。在山东省沾化冬枣产区，绿盲蝽第一代发生盛期在5月上旬，第二代发生盛期在6月中旬，第三代、第四代、第五代发生盛期分别为7月中旬、8月中旬、9月中旬。第二代后田间世代重叠严重，各虫态共存。枣果进入果实膨大期后，树上环境不适于绿盲蝽生存，大量成虫转移到附近其他寄主植物上生活，9月下旬后陆续迁回枣树上危害果和嫩叶，并产卵越冬。

绿盲蝽成虫喜阴湿，怕干燥，避强光，高温低湿不利其生存。因此，绿盲蝽多在清晨或夜晚爬行到叶、芽上取食危害，晴天高温的上午10时至下午4时多转移到树下杂草或土缝内，阴天时则整个白天在树上取食。其若虫移动性强，受惊后爬行迅速。成虫飞翔力强，可在不同枣园间及不同作物间转移危害。成虫产卵于枣树嫩叶、叶柄、主脉、嫩茎、果实等组织内，卵盖外露，每处产卵2～3粒。

2. 防治方法 枣树萌芽至开花结果期是树上喷药防治绿盲蝽的关键时期，此期要每隔7天喷1次杀虫剂。可选用吡虫啉、溴氰菊酯、啶虫脒、螺虫乙酯、氟啶虫胺腈等，并做到以上药剂交替使用，避免害虫产生抗药性。喷药时注意喷洒树下的杂草与间作植物。

（二）枣芽象甲

枣芽象甲又称枣飞象、枣月象、食芽象甲、小灰象甲、小灰象鼻虫等。成虫体长约5毫米，灰色，鞘翅卵圆形，有纵列刻点，散生褐色斑纹，腹面银灰色。以成虫在早春食害枣嫩芽和幼叶，严重时可将嫩芽吃光，造成二次发芽。

1. 发生规律 该虫1年发生1代，以幼虫在土壤内越冬。翌年2月下旬至3月上旬化蛹，3月中旬至5月上旬成虫羽化。成虫羽化后即出土上树危害，在羽化初期，气温较低，成虫一般喜欢在中午取食危害，早晚多静伏于地面，但随着气温的升高，成虫多在早、晚活动危害，中午静止不动，受惊后坠地假死。成虫产卵于枣树嫩芽、叶面、枣股翘皮下、树皮缝隙内或根部土壤内，5月上旬至6月中旬卵孵化，初孵幼虫沿树干下树，潜入土中取食植物细根。9月份以后幼虫入土于30厘米深处越冬。

2. 防治方法

（1）农业防治 成虫发生期，利用其假死性，可在早晨或傍晚人工振落捕杀。

（2）化学防治 ①在成虫发生期，树上喷洒2.5%高效氯氰菊酯乳油1500倍液灭杀成虫。②7月份幼虫下树，地面喷洒昆虫病原线虫悬浮液1亿～2亿条/亩，使其寄生幼虫。同时，兼治桃小食心虫、枣尺蠖、蛴螬等土栖害虫。

（三）枣 瘿 蚊

枣瘿蚊别名卷叶蛆、枣芽蛆。以幼虫吸食枣树或酸枣嫩芽和嫩叶的汁液，叶片受害后红肿，纵卷，叶片增厚，先变为紫红色，最后变成黑褐色枯萎脱落。

1. 发生规律 1年发生5～6代，以白色蛆状幼虫于树冠下土壤内做茧越冬。枣芽萌动期羽化为成虫上树，产卵于嫩芽和未展开的幼叶内，孵化后幼虫直接取食叶片汁液，逐渐形成卷叶，一卷叶内常有数头幼虫危害。

2. 防治方法

（1）物理防治 成虫对黄色有趋性，因此在成虫发生期田间悬挂黄色黏虫板，或在树干下部缠上黄色黏虫胶带，诱杀枣瘿蚊成虫。

（2）**化学防治**　幼虫发生初期，树上喷洒具有内吸、内渗作用的240克/千克螺虫乙酯悬浮剂6 000倍液，或25%噻虫嗪水分散粒剂7 000倍液。可与防治绿盲蝽一起进行。

（四）枣红蜘蛛

危害枣树的红蜘蛛主要是朱砂叶螨和截形叶螨，朱砂叶螨还危害花生、大豆等，截形叶螨还危害玉米、棉花、桑树等。两者的雌成螨身体均为红色，以若螨、成螨刺吸危害枣树叶片，被害叶由绿变黄，逐渐枯焦脱落。

1. 发生规律　枣红蜘蛛1年发生多代，以卵或成螨在枣树枝干皮缝或树洞内越冬。枣树萌芽时出来活动，并转移到叶片上取食危害。春末和夏初是红蜘蛛发生高峰期，雨季数量自然减少。枣树行间间作花生、玉米、棉花，有利于枣红蜘蛛的发生。

2. 防治方法

（1）**农业防治**　结合防治枣黏虫，休眠期刮除老树皮，集中烧毁。

（2）**化学防治**　在红蜘蛛初发期，树上均匀喷洒1.8%阿维菌素乳油4 000倍液，或15%哒螨灵乳油2 000倍液，或24%螺螨酯悬浮剂4 000～5 000倍液。对于有间作作物的枣园，注意作物和枣树上一起喷洒杀螨剂。

（五）枣锈壁虱

枣锈壁虱又名枣树锈瘿螨、枣瘿螨、枣锈螨、枣壁虱、枣灰叶、灰叶病等。以成螨和若螨刺吸危害枣、酸枣的芽、叶、花、蕾、果及绿色嫩梢，尤以芽、叶、果受害最重。枣芽受害后，常延迟展叶抽条；叶片受害初期无症状，展叶后20天左右基部和沿主脉部分先呈现灰白色、发亮，经40天后扩展至全叶，叶肉略微增厚，叶片质脆变硬、纵卷。果实受害后果顶部或全部果面出现褐色锈斑，受害严重的整个果面布满锈斑或凋萎脱落。由于此虫个体很微小，肉眼不易看见，主要靠其危害症状来诊断。

1. 发生规律　枣锈壁虱1年发生多代，繁殖速度快，在枣树整个生长期均可危害，以6～7月份发生最重。

2. 防治方法　应及早防治，即在枣树开花前后各喷洒1次杀螨剂，也可与防治红蜘蛛同时进行。所用杀螨剂同枣红蜘蛛。

（六）枣 黏 虫

枣黏虫又称枣镰翅小卷蛾、卷叶蛾，俗称包叶虫、黏叶虫。其老熟幼虫体长约15毫米，虫体淡绿色至黄绿色或黄色，头部红褐或褐色。以各龄幼虫食害枣芽、枣花、枣叶、枣果。危害叶片时，常吐丝将叶片连缀在一起卷成团和虫苞，幼虫藏身其中，将叶片吃成缺刻和孔洞。

1. 发生规律　在河北、山西、山东、京、津等地1年发生3代，河南、江苏1年发生4代。以蛹在枣树枝干老翘皮下越冬，在主干粗皮裂缝内最多，主枝次之，侧枝最少。枣树芽萌动期越冬蛹羽化为成虫，产卵于枣芽和光滑的小枝上，卵期约15天，4～5月份发生第一代幼虫危害幼芽和嫩叶。第一代发生较整齐，卵期是田间树上喷药防治的最佳时期。5月下旬至6月下旬出现第一代成虫，成虫产卵于枣叶上。成虫昼伏夜出，有趋光性。第二代幼虫发生期在6月中旬，正值开花期，危害叶片、花蕾和幼果。10月份开始，老熟幼虫陆续爬行到树皮缝隙内结茧化蛹越冬。

2. 防治方法

（1）农业防治　①早春刮树皮，消灭越冬蛹，减少虫源基数。②10上旬在树主干上部绑扎草把或废果袋诱集越冬虫蛹，落叶后结合冬季管理，取下绑扎物集中销毁。

（2）物理防治　用频振杀虫灯和枣黏虫性诱剂诱杀成虫。杀虫灯1盏/10亩，性诱剂诱捕器3个/亩，田间均匀分布放置。

（3）**生物防治**　在第二、第三代卵期，田间释放松毛虫赤眼蜂 3 000～5 000 头 / 亩。

（4）**化学防治**　在枣树芽萌动期，结合防治绿盲蝽、枣瘿蚊，树上喷洒 4.5% 高效氯氰菊酯乳油 2 000 倍液＋5% 吡虫啉乳油 3 000 倍液；花期结合防治枣花心虫喷洒 25% 灭幼脲悬浮剂 2 000 倍液；幼果期结合防治桃小食心虫喷洒氯虫苯甲酰胺和溴氰菊酯常用浓度，还可兼治枣尺蠖、介壳虫等。

（七）枣 尺 蠖

枣尺蠖俗名弓腰虫、顶门吃、枣步曲。其幼虫绿色或黄色，体表长有多条黄黑色纵条纹和斑点，爬行时身体一伸一曲呈弓腰状，故称其为"枣步曲""弓腰虫"。以幼虫取食危害枣芽、花蕾及叶片，危害时还吐丝缠绕，阻碍树叶伸展。当枣芽萌动露绿时，初孵化幼虫即开始食害枣芽，因此被称为"顶门吃"。发生虫量多时，可将枣芽、枣叶吃光，造成绝产。

1. 发生规律　该虫 1 年发生 1 代，以蛹在树冠下 1 厘米深的土层内越冬。翌年 3 月下旬至 4 月上旬，当柳树发芽、榆树开花时，成虫羽化出土。雌蛾无翅，需要夜间爬行上树产卵于枣树主干、主枝粗皮缝隙内，当枣芽萌发露绿时，卵开始孵化，枣树展叶时为卵孵化盛期，幼虫爬行到枝条上危害叶片。

2. 防治方法

（1）**物理防治**　3 月上旬，成虫羽化前在树干基部绑扎 15～20 厘米宽的塑料薄膜带，环绕树干一周，薄膜下缘用土压实，接口处钉牢、上部边缘涂上黏虫药带，既可阻止雌蛾上树产卵，又可防止树下幼虫孵化后爬行上树。黏虫药剂配比为黄油 10 份、机油 5 份、菊酯类杀虫剂 1 份，充分混合即成。

（2）**化学防治**　3 龄幼虫之前，树上喷洒 4.5% 高效氯氰菊酯乳油 2 000 倍液、20% 虫酰肼悬浮剂 2 000 倍药液 1～2 次，可有效防治枣尺蠖幼虫。

（八）枣龟蜡蚧

枣龟蜡蚧又叫日本龟蜡蚧，俗名枣虱子。雌成虫扁椭圆形，体长2.2～4毫米，背面覆白色蜡质介壳，介壳中部隆起似龟甲状。若虫扁平椭圆形，橙黄色，固定后分泌白色蜡质层，周边有14个蜡角，似星芒状。以雌成虫和若虫在枝干、树叶上吸食汁液，并分泌大量排泄物污染枝叶和果实，诱发煤污病，影响叶片光合作用并造成枣树落叶。

1. 发生规律　枣龟蜡蚧1年发生1代，以受精雌成虫固着在小枝条上越冬，以当年生枣头上最多。翌年3～4月份开始取食，4月中下旬虫体迅速膨大，5月底至6月上旬产卵在母体壳下。6月下旬至7月上旬孵化出幼虫，自母壳爬出后四处分散，此时是树上喷药防治的关键时期。几天后，若虫固着在枣头、枣吊、叶面上取食危害，并逐渐发育为成虫。自8月下旬起，在枣吊、枣叶上危害的受精雌成虫陆续爬行到枝上，10月份后进入越冬状态。

2. 防治方法

（1）**农业防治**　①冬季修剪时，剪除带枣龟蜡蚧的枝条，集中烧毁。②用硬质刷子或竹片刷除虫体。

（2）**化学防治**　①枣芽萌动期，用机油乳剂50倍液＋10%吡虫啉可湿性粉剂4 000倍混合液均匀喷洒枝干，可兼治绿盲蝽。②6月下旬至7月上旬，结合防治绿盲蝽、桃小食心虫等均匀喷洒杀虫剂，药剂选用2.5%高效氯氰菊酯乳油2 000倍＋3%啶虫脒乳油2 000倍混合液。

（九）枣大球蚧

枣大球蚧又称枣瘤坚大球蚧，以雌成虫和若虫在枝干上刺吸汁液。雌成虫半球形，体长8～18毫米，状似钢盔，成熟时体背红褐色，有整齐的黑灰色斑纹。

1. 发生规律 1年发生1代，以2龄若虫于枝干皮缝、叶痕处群集越冬，以1～2年生枝上虫量较多。枣树萌芽时开始活动取食，4月中下旬虫体迅速膨大，5月份产卵于体壳下，6月份卵大量孵化，新孵出幼虫分散转移到枝条上固着危害。此时幼若虫抗药能力差，是树上喷药防治的关键时期。

2. 防治方法

（1）**农业防治** 夏季虫体膨大期至卵孵化前，人工刷除虫体。

（2）**化学防治** ①枣芽萌动期，用机油乳剂50倍液＋10%吡虫啉可湿性粉剂4 000倍混合液均匀喷洒枝干。②初孵幼虫期，结合防治绿盲蝽、枣龟蜡蚧一起喷药防治。

（十）枣豹纹蠹蛾

枣豹纹蠹蛾俗名截干虫，是危害枣树枝干的一种主要害虫。其初孵幼虫褐色，后变暗红褐色，老熟幼虫体长35～41毫米，全体紫红色。以幼虫钻入枣树新生枣头木质部，然后向上蛀食，排出黄褐色粪便。枣头受害后，自蛀口以上干枯死亡，枯死的枣吊及叶片悬挂在枣头上不落，遇风时枣枝容易折断，故被称为"截干虫"。

1. 发生规律 该虫1年发生1代，以幼虫在被害枝虫道内越冬。翌年春天随天气转暖，幼虫继续蛀食木质部。受害枝上的芽多不萌发，随后干枯死亡，幼虫则转移危害。7月份成虫从枝条内羽化出来。成虫具有趋光性，昼伏夜出，产卵在新生枣头枝条上。幼虫孵化后直接蛀干危害，每隔一定长度，向外啃食1个孔口，用于通气和排出粪便。

2. 防治方法

（1）**农业防治** ①由于被害枝上的叶片不落，所以冬、春季修剪时应注意剪除虫枝烧毁。枣树发芽后至6月中旬前彻底剪除被害虫枝（不发芽枝），即用高枝剪在枯枝下20～30厘米处剪

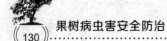

下，集中烧毁。②对于低矮枝条，田间发现虫孔后，剖开枝干消灭其内幼虫。

（2）**化学防治**　成虫发生期，用黑光灯诱杀成虫。树上喷洒4.5%高效氯氰菊酯乳油2 000倍液。

第九章
核桃主要病虫害防治

一、主要病害

（一）核桃黑斑病

核桃黑斑病又名黑腐病，俗称"核桃黑"，属细菌性病害。

1. 发病症状　主要危害果实、叶片、嫩梢、新芽。果实受害后先在果面上出现黑褐色小斑点，随后斑点扩大为圆形或不规则形黑色病斑，外围有水渍状晕圈。病斑中央下陷龟裂并变为灰白色。遇雨天，病斑迅速扩大，全果变黑腐烂，提早落果。叶片感病后，出现近圆形或多角形黑褐色病斑，外面有半透明状晕圈，严重时病斑相连成片，有时呈穿孔状，使叶片皱缩枯焦，提早脱落。叶柄和嫩梢上的病斑呈长圆形或不规则形，黑褐色，稍下陷。严重时病斑扩展包围枝梢一周，导致枝梢枯死。新芽受害后常变黑枯死。

2. 发病特点　核桃黑斑病菌一般在枝梢、病叶和芽内越冬。翌春温、湿度适宜时分泌出菌液，借风雨传播，通过气孔、伤口、虫孔等侵染危害幼果、叶片、嫩枝。发病与温、湿度有密切关系，一般细菌侵染适宜温度为 5～30℃。所以，春、夏季节多雨时发病早且严重，即在核桃花期及展叶期易染病。核桃举肢蛾危害造成的伤口易被该病菌侵染，举肢蛾和黑斑病互相促进，常导致核桃减产严重。

3. 防治方法

（1）**农业防治**　①每年秋季施足有机肥，并合理配方施肥，保持树体健壮，增强抗病力。②核桃树修剪后，立即用涂抹剂涂抹剪锯口，防止病菌侵染。彻底清除园内枝条、落叶、落果，集中烧毁或远距离存放，减少病菌来源。

（2）**化学防治**　发芽前，树上全面喷洒3～5波美度石硫合剂。展叶后，树上喷洒波尔多液1～2次。雌花开花前后及幼果期，各喷1次3%中生菌素可湿性粉剂600～800倍液。之后，再喷洒波尔多液2次，可基本控制危害。

（二）核桃白粉病

核桃白粉病属于真菌性病害，在产区普遍发生。

1. 发病症状　主要危害叶片，在叶表面形成白色粉层，秋季粉层上产生黑色小点。影响叶片光合作用并引起叶片提早脱落。

2. 发病特点　病原菌在病落叶上越冬。翌春遇雨放射出子囊孢子，侵染叶片发病后病斑产生大量分生孢子，借气流传播，进行多次再侵染。5～6月份为白粉病发病盛期，7月份以后由于降雨湿度大，不适于病菌生长，故该病逐渐停滞下来。春季干旱年份或管理不善、树势衰弱者发病较重。

3. 防治方法

（1）**农业防治**　核桃秋季落叶后，彻底清扫树下落叶、枝条，集中深埋或投入沼气池。

（2）**化学防治**　发病初期，树上均匀喷洒20%三唑酮乳油1 000倍液，或12.5%腈菌唑乳油3 000倍液。

（三）核桃炭疽病

核桃炭疽病属真菌性病害，在各核桃产区均发生危害较重。

1. 发病症状　主要危害果实、叶片、芽和嫩梢。果实受害后果面先出现褐色斑点，后扩大变为近圆形、中央下陷的黑色病斑，斑上的黑色小粒点呈同心轮纹状排列。天气潮湿时，黑色小点变为粉红色。发病严重时，病果上常有多个病斑融合成片，全果变黑腐烂、早落。叶上病斑为不规则形，颜色为枯黄或褐色，严重时全叶枯黄脱落。芽、嫩梢、叶柄、果柄感病后，出现不规则或长形下陷的黑褐色病斑，造成芽梢枯干，叶、果脱落。

2. 发病特点　核桃炭疽病病菌在病果、病叶、芽鳞中越冬。翌年春夏之际，病菌产生分生孢子借风雨、昆虫等传播，从伤口、虫孔、皮孔等处侵入。该病菌在侵入部位潜伏，待温、湿度适宜和寄主抗病力差时暴发危害，多在雨季核桃果实近成熟期发病，成为成熟后期大量变黑的主要病因。发病的早晚和轻重，与高温高湿有密切关系，雨季早、雨水多、湿度大则发病早且重。同时，栽植密度过大、树冠稠密、通风透光不良发病较重。

另外，新疆核桃品种较易感病，尤其是丰产薄壳型品种特别易感病。晚熟型核桃较早熟型抗病。举肢蛾发生多的园区发病也重。

3. 防治方法

（1）农业防治　①合理密植，合理修剪，保持园内通风透光，降低果园湿度。②剪枝后清除园内病枝、病果、落叶，集中烧毁或深埋，减少病菌初侵染来源。生长季节发现病果，及时摘除带出园外销毁，防止病菌再侵染。

（2）化学防治　结合防治核桃黑斑病，树上喷洒波尔多液，之后喷洒25%咪鲜胺乳油800倍液，或25%戊唑醇水乳剂1 500倍液，或50%多菌灵可湿性粉剂1 000倍液，或75%甲基硫菌灵可湿性粉剂600～800倍液。这几种杀菌剂交替使用，以防产生抗药性失去药效。

（四）核桃溃疡病

核桃溃疡病由真菌引起，是危害核桃枝干的一种重要病害，在国内常年发生。

1. 发病症状　主要危害大树的树干和主枝，也危害核桃苗木。大树枝干发病初期，树皮表面出现近圆形的褐色病斑，以后扩大成长椭圆形或长条形，并有褐色黏液渗出，向周围浸润，使整个病斑呈水渍状。后期病斑干缩，中央纵裂成缝，上生黑色小点即分生孢子器。

2. 发病特点　病菌主要以菌丝在当年病皮内越冬。翌年春季当气温达 11.4～15.3℃时，菌丝开始生长，病害即发生扩展，以老病斑复发最多。当田间气温升高至 28℃左右时，分生孢子大量形成，借风雨传播，从伤口和各种孔口侵入，发病达高峰期。夏季气温 30℃以上时，病菌暂停扩展蔓延。入秋以后温度下降，当田间温、湿度条件适宜孢子萌发和菌丝生长时，病害又重新发展，但不如春季严重，至核桃树进入休眠期停止。

溃疡病害发生与土壤条件和栽培管理措施密切相关。凡土壤营养贫乏、土质黏重、排水不良、地下水位高等条件下，核桃树生长发育不良，病害发生普遍而严重。栽培管理粗放，果园郁闭，有的核桃园在实施林农间作后，不单独对核桃树进行管理，甚至长期不施肥、不修剪，导致树体衰弱，引起该病害发生。此外，冻害、虫害、修剪等造成伤口，也为病菌侵染提供了有利条件。

3. 防治方法

（1）**农业防治**　①及时清理或剪除病枝，集中烧毁，减少侵染源。②加强栽培管理，增施有机肥，增强树势。③冬季树干涂白，涂白剂配方为生石灰 5 千克、食盐 2 千克、油 0.1 千克、水 20 升，四者加在一起充分混匀后使用。

（2）**化学防治**　在发病初期用刀刮除病部或用快刀深划几道，然后涂药治疗，药剂有 3～5 波美度石硫合剂、2% 硫酸铜液或波尔多液、甲基硫菌灵膏剂。

二、主要虫害

（一）核桃举肢蛾

核桃举肢蛾俗名"核桃黑"。老熟幼虫体长 7.5～9 毫米，头黄褐色至暗褐色，胴部淡黄褐色，背面微红。以幼虫蛀食核桃果实和种仁，形成纵横蛀道，粪便排于其内。蛀孔外流出透明或琥珀色胶珠，然后青色果皮皱缩变黑腐烂，果面呈黑色凹陷皱缩，常提早落果或干缩在树上。

1. 发生规律　核桃举肢蛾在山东中部、河南 1 年发生 2 代。以老熟幼虫在树冠下 1～2 厘米深的土壤中、石块下结茧越冬。翌年 3 月下旬，越冬幼虫开始化蛹，4 月中旬达化蛹盛期。4 月中下旬为越冬代成虫发生盛期，成虫夜间活动，产卵于两果相接的缝隙处，少数产于梗洼、叶腋或叶片上。第一代幼虫发生于 5 月份，5 月下旬老熟幼虫开始脱果入土化蛹，6 月中旬为化蛹盛期。6 月中下旬为第一代成虫发生高峰期，6 月下旬为产卵盛期。7 月份为第二代幼虫危害期，8 月中旬至 9 月上旬，幼虫老熟脱果入土做茧越冬。第一代幼虫危害的果实大多早落，第二代幼虫危害的果实多干缩在枝头经久不落。

2. 防治方法

（1）**农业防治**　及时摘除树上虫果和捡拾地面落果，并将其集中烧毁，以消灭果内幼虫。

（2）**生物防治**　幼虫脱果期，用昆虫病原线虫悬浮液喷洒树下地面，喷洒时地面最好湿润，有利于线虫侵染寄生核桃举肢蛾幼虫和蛹。

（3）**化学防治**　①成虫羽化出土前，于树冠下的地面上喷施 40% 辛硫磷乳油 600 倍液，以杀死刚出土的成虫。②成虫产卵盛期，是树上喷药的关键时期。可选用 2.5% 溴氰菊酯乳油 2 000

倍液，或20%氰戊菊酯乳油2000倍液，或5%甲氨基阿维菌素苯甲酸盐乳油3000倍液喷雾防治，重点喷洒果面，每隔5～7天1次，连续喷3次，将幼虫消灭在蛀果之前。如果选用35%氯虫苯甲酰胺水分散粒剂8000倍液，那么喷洒1～2次即可控制危害。

（二）核桃天牛

危害核桃的天牛种类较多，主要有桑天牛、云斑天牛、锦缎天牛、锯天牛等。所有天牛成虫均取食核桃叶片和嫩枝表皮，幼虫蛀食枝干皮层和木质部。核桃树干受害后，树势衰弱，甚至整株枯死，是核桃的毁灭性害虫。

1. 发生规律　上述天牛均以幼虫在枝干蛀道内越冬。春季核桃萌芽时开始活动继续危害，幼虫长大老熟后在蛀道内化蛹，羽化为成虫飞出来。夏季在核桃树上交尾，并咬破枝干皮层产卵。卵孵化为幼虫后蛀食枝干，每隔一段距离咬一孔洞用于通气和排出粪便。

2. 防治方法

（1）农业防治　①6～7月份检查树干基部，寻找产卵刻槽或流黑水的地方，用刀将被害处挖开，杀死虫卵或初孵幼虫；也可以用锤敲击，以消灭里面的卵或初孵幼虫。②发现蛀入木质部的幼虫，可用细铁丝端部弯一小钩，插入虫孔钩杀幼虫。

（2）化学防治　发现枝干上有新鲜粪屑排出时，将虫孔附近粪屑清理干净，用注射器向虫孔注入80%敌敌畏乳油20倍液，或50%辛硫磷乳油50倍液，并用泥巴堵塞虫孔。

（三）芳香木蠹蛾

芳香木蠹蛾又名杨木蠹蛾、蒙古木蠹蛾，俗称"核桃虫""红哈虫"，可危害核桃、杨、柳、榆、桦树、白蜡等。老熟幼虫体长6～9厘米，身体背面紫红色，侧面黄红色，头部黑色。以幼虫群集在核桃树干基部及根部蛀食皮层，使根颈部皮层开裂，排出深褐色的虫粪和木屑，并有褐色液体流出。被害处可有十几条幼虫，蛀孔堆有虫粪，幼虫受惊后能分泌一种特异香味，使树势逐年衰弱，产量降低，甚至整株枯死。

1. 发生规律 1～2年发生1代，以幼虫在被害枝干内越冬。4～5月份化蛹，6～7月份出现成虫。成虫夜间活动，有趋光性。成虫产卵于离地1～1.5米的树皮缝或伤口内，每处产卵几十粒或多达百余粒，成堆、成块排列。幼虫孵化后蛀入皮下取食韧皮部和形成层，使木质部与皮层分离，以后蛀入木质部，形成不规则虫道。

2. 防治方法

（1）**农业防治** 及时发现和清理被害枝干，消灭里面的虫体。夏季树干涂白，防止成虫在树干上产卵。

（2）**物理防治** 成虫发生期，在核桃园设置杀虫灯诱杀成虫。

（3）**生物防治** 用昆虫病原线虫水悬液注入虫道内，每毫升含芜菁夜蛾线虫1 000～2 000条，使线虫寄生致死幼虫。

（4）**化学防治** 用50%敌敌畏乳油100倍液刷涂虫疤，杀死内部幼虫。对尚未蛀入树干内的初孵幼虫，可用40%辛硫磷乳油500倍液喷雾毒杀。

（四）美国白蛾

美国白蛾又名美国灯蛾、秋幕毛虫、秋幕蛾。可危害多种果树、林木，尤其嗜好危害阔叶树木，如杨树、榆树、核桃树等。幼虫体色多变，由黄绿色至灰黑色，背部毛瘤黑色，体侧毛瘤橙黄色，毛瘤上着生白色长毛丛。

1. 发生规律 在辽宁、山东、陕西1年发生2～3代，以蛹在树皮下或地面枯枝落叶处越冬。翌年春季羽化为成虫，产卵在叶背，卵排列成块，上面覆以白色鳞毛。幼虫孵化后不久便吐丝结网，群集网幕内取食核桃叶片，叶片被吃光后，幼虫转移至枝权和嫩枝的另一部分织一新网幕继续危害。网幕中混杂大量带毛蜕皮和虫粪，雨水和天敌很难侵入。幼虫老熟后，下树到树干老皮下、缝隙孔洞内、枯枝落叶层、表土下等隐蔽场所吐丝结灰色薄茧，并在其内化蛹。

2. 防治方法

（1）**农业防治**　在幼虫 3 龄前发现网幕后人工剪除网幕，并集中处理。

（2）**物理防治**　若幼虫已分散，则在幼虫下树化蛹前采取树干绑草的方法诱集下树化蛹的幼虫，定期集中处理。

（3）**生物防治**　发生期于田间释放周氏啮小蜂。

（4）**化学防治**　掌握在卵孵化期和结网前树上喷药，选用药剂为 2.5% 高效氯氟氰菊酯微乳剂 1 500 倍液，或 2.5% 高效氯氟氰菊酯乳油 1 500 倍液，或 25% 灭幼脲胶悬剂 2 500 倍液，或 24% 虫酰肼胶悬剂 4 000 倍液，或 5% 氟虫脲乳油 1 000 倍液，或 20% 杀铃脲悬浮剂 5 000 倍液，进行喷洒防治。

（五）角斑古毒蛾

角斑古毒蛾又名赤纹毒蛾、杨白纹毒蛾、梨叶毒蛾、囊尾毒蛾、核桃古毒蛾。老熟幼虫体长 33～40 毫米，头部灰色至黑色，上生细毛；身体黑灰色，生有黄色和黑色毛，亚背线上生有白色短毛，前胸两侧各有 1 束向前伸的黑色羽状长毛；第八腹节背面有 1 束向后斜伸的黑长毛。该虫除危害核桃外，还可危害苹果、梨、桃、杏、李、梅、樱桃、山楂、柿等多种果树。以幼虫咬食果树芽、叶和果实。初孵幼虫群集叶片背面取食叶肉，残留上表皮；2 龄幼虫开始分散活动危害，从芽基部蛀食成孔洞，致芽枯死；嫩叶常被吃光，仅留叶柄；成叶被吃成缺刻和孔洞，严重时仅留主脉；果实常被咬成不规则的凹斑和孔洞，幼果被害常脱落。

1. 发生规律　该虫在山东 1 年发生 2 代，以 2～3 龄幼虫于树皮缝内、粗翘皮下及树干基部附近的落叶等被覆物下越冬。4月上、中旬核桃发芽时开始出蛰活动危害，5月中旬开始化蛹，越冬代成虫于6～7月份发生。第一代幼虫6月下旬开始发生，第二代幼虫8月下旬开始发生，9月中旬前后开始陆续进入越冬状态。

2. 防治方法　参考美国白蛾进行药剂防治。

第十章

板栗主要病虫害防治

一、主要病害

（一）板栗疫病

板栗疫病，又称干枯病、胴枯病。在国内板栗产区广泛发生危害。

1. 发病症状　主要危害板栗树的主干和枝条，发病初期枝干褪绿，病部出现水渍状病斑，有酒糟味，病斑失水后树皮干缩纵裂。当病斑逐渐扩展直至包围树干后病枝死亡，其上着生的叶片变褐枯死，长久不落。

2. 发病特点　板栗疫病由真菌引起，病原菌在发病部位越冬。春季3月份，病菌由病组织开始释放，借雨水、风、昆虫和鸟类传播，经各种伤口侵入枝干，因此多在嫁接口、剪锯口、其他机械损伤点及日灼、冻伤部位发病。3月底或4月初田间开始出现新发病斑，病斑扩展迅速，到10月底进入休眠期逐渐停滞。板栗疫病的发生程度与田间温、湿度和栽培管理有密切的关系，管理粗放、修剪过度、树势衰弱的树发病重。

3. 防治方法

（1）农业防治　①加强栗园土、肥、水管理，多施有机肥，增强树势，提高板栗树抗病能力。②板栗树修剪和嫁接口要立即涂抹伤口愈合剂或油漆，防止病菌侵染发病。③冬、夏季节树干刷白涂剂，以防日灼和冻害。避免机械损伤，及时预防蛀干害虫。

（2）**化学防治** ①经常检查树干，发现病斑后用快刀把病变组织刮除干净，用80%乙蒜素乳油200倍液涂抹病斑。刮下的病树皮集中起来，带出园外投入沼气池或焚烧。②春季发芽前，用30%戊醇·多菌灵悬浮剂600倍液全面喷洒枝干。其他药剂使用参照苹果腐烂病。

（二）板栗炭疽病

板栗炭疽病属真菌性病害，在国内广泛分布。

1. 发病症状 主要危害板栗的果实、叶片和枝条。栗叶受害后，叶脉间出现圆形或不规则形黄斑，后逐渐变紫褐色至褐色，后期病斑中央灰白色，上生小黑点（分生孢子盘）。栗果发病，多数在尖端，形成"黑尖"症状，少数在果底部和侧面。种仁上的病斑圆形或近圆形，黑色或黑褐色，被害栗仁后期失水干缩。

2. 发病特点 病菌在栗树枝干、落叶、病果上越冬，其中在芽鳞中潜伏的菌量较多。翌年春夏之际，病菌产生分生孢子，随风雨传播，在花期、幼果期侵入幼苞潜伏，在果实接近成熟期发病表现症状。有的病菌在果实上潜伏到贮藏期才发病。

3. 防治方法

（1）**农业防治** 田间冬季修剪完毕后，彻底清除园内枝干、落果、落叶等，以减少菌源。

（2）**化学防治** ①板栗发芽前，树上喷洒5波美度石硫合剂，以杀灭在枝干上越冬的病菌。②板栗花期前后，各喷洒1次杀菌剂，可选用65%代森锌可湿性粉剂600倍液，或25%咪鲜胺乳油800倍液，或25%戊唑醇水乳剂1500倍液，或50%多菌灵可湿性粉剂600～800倍液，或70%代森锰锌可湿性粉剂600倍液等。可与防治板栗红蜘蛛和蚜虫同时进行。

二、主要虫害

（一）栗 大 蚜

栗大蚜又称大黑蚜虫。无翅成蚜体长 3～5 毫米，黑色，腹部肥大呈球形。卵长椭圆形，长约 1.5 毫米，初产时为暗褐色，后变成黑色，有光泽，单层密集排列在枝干背阴处和粗枝基部。该蚜以成虫和若虫群集在嫩枝和叶片背面，刺吸栗树汁液。

1. 发生规律　栗大蚜 1 年发生 10 余代，以卵在栗树枝干背阴处和粗枝基部越冬。翌年 3 月底至 4 月上旬越冬卵孵化，4 月底至 5 月上中旬达到繁殖危害盛期。

2. 防治方法

（1）农业防治　结合冬季修剪，刮除枝干上的黑色越冬卵块。

（2）化学防治　在成虫和若虫群集树枝危害时，树上喷洒 10% 吡虫啉可湿性粉剂 5 000 倍液，或 3% 啶虫脒乳油 2 000 倍液，可兼治斑衣蜡蝉。

（二）板栗红蜘蛛

板栗红蜘蛛学名是针叶小爪螨。主要危害板栗、白桦、橡树等，特别是在北方板栗产区发生危害较重。越冬卵孵出的幼螨为深红色，夏卵孵出的幼螨呈乳白色，成螨呈红褐色。以成、若螨聚集叶片正面取食危害，导致叶片褪绿变黄，甚至干枯。

1. 发生规律　1 年发生多代，以红色半球形冬卵在枝条上越冬，其中在 2～3 年生枝条上的卵量最多。春季，板栗展叶时越冬卵孵化，5～7 月份为发生危害盛期，产卵于叶片上。8 月底开始出现越冬卵，陆续在枝条上产卵越冬。

2. 防治方法

（1）生物防治　在板栗红蜘蛛越冬卵孵化期，树上释放塔六点蓟马或捕食螨，生物防治该红蜘蛛。

（2）**化学防治**　板栗展叶后至开花前，树上喷洒1～2次杀螨剂，有效药剂为24%螺螨酯悬浮剂4000倍液，或24%阿维·螺螨酯悬浮剂3000倍液，还可以选用喷洒三唑锡、哒螨灵、噻螨酮等。

（三）栗 瘿 蜂

栗瘿蜂又名栗瘤蜂，主要危害板栗，也危害锥栗及茅栗。大龄幼虫体长2.5～3毫米，初期为乳白色，后随虫体长大渐变为黄褐色。以幼虫蛀食危害栗树叶片、嫩梢及结果枝，形成瘿瘤，导致板栗减产或绝收。

1. 发生规律　1年发生1代，以初龄幼虫在被害芽内越冬，虫芽有些膨大。4～5月份取食危害，瘿瘤逐渐膨大，逐渐由绿色转为红色，最后形成小枣大小的木质化瘿瘤，瘤子多位于小枝、叶柄、叶脉上。5～6月份幼虫老熟后在虫瘿内化蛹。6～7月份成虫羽化后钻出瘿瘤，产卵于栗芽内，孵化为幼虫后进行越冬。

2. 防治方法

（1）**农业防治**　结合冬季修剪，剪除膨大的虫芽，集中烧毁。4～5月份田间危害期，发现虫瘿立即摘除，集中烧毁，以消灭里面的幼虫。

（2）**化学防治**　6月份成虫羽化盛期，树上喷洒2.5%溴氰菊酯乳油2000倍液，或20%氰戊菊酯乳油1500倍液1～2次，杀灭成虫。

（四）桃 蛀 螟

桃蛀螟以幼虫蛀食栗实，主要发生在板栗成熟采收期和采后堆放期，对板栗产量、质量影响很大。

1. 发生规律　1年发生3～4代，第1～2代主要危害桃、枇杷等果树，第三代、第四代对板栗危害较大。以老熟幼虫在果树翘皮裂缝、落果中越冬，还在附近的玉米秸、向日葵花盘和秆内越冬。7月下旬后出现的成虫在板栗苞针刺间产卵，幼虫孵化后钻入栗棚内蛀食栗实。蛀孔深而粗，孔外排有大量浅褐色虫粪。具有转果习性，1头幼虫可连续危害2～3个栗实，并可持续危害到收获后的贮藏期。

2. 防治方法

（1）**农业防治** 冬季清除林间落果，集中烧毁或深埋。

（2）**物理防治** 7月份成虫发生期，田间开始挂桃蛀螟性诱芯诱杀成虫。同时，此法可测报成虫发生产卵时间，指导田间喷药。

（3）**化学防治** ①8月上旬，桃蛀螟卵期至初孵幼虫期，用2.5%溴氰菊酯乳油2 000倍液对栗棚喷雾防治。②采收后带棚存放时，用25%灭幼脲悬浮剂2 000倍液或35%氯虫苯甲酰胺水分散粒剂6 000倍液浸泡或喷洒栗果和棚苞。

（五）栗实象甲

栗实象甲又称栗象鼻虫。成虫体黑色，体长6.5～9毫米，前胸背板密布黑褐色绒毛，两侧有半圆点状白色毛斑。以幼虫蛀食果实，在栗果内形成虫道，粪便排于虫道内，而不排出果外，受害果实易霉烂变质。

1. 发生规律 该虫在我国东北地区2年完成1代，豫南地区、云南1年1代。以老熟幼虫在5～15厘米深的土层内做土室越冬。在豫南地区越冬幼虫翌年6～7月份在土室内化蛹，经10～15天羽化为成虫。成虫羽化后先在土壤内潜伏2～3周，7月下旬、8月上旬钻出来，8月上旬为出土盛期。成虫飞到栗树上先取食嫩枝、幼果做补充营养，7～10天后交尾、产卵于果实内，每果产1～3粒，产卵盛期为9月上旬。成虫有假死性，喜欢在背阴处活动。9月下旬幼虫孵化后直接危害果实，栗子采收后幼虫继续在果实内取食发育。幼虫在果内危害1个月左右，老熟后从果实内爬出，钻入土壤内越冬。

2. 防治方法

（1）**农业防治**　及时拾取落地虫果，集中烧毁或深埋，消灭其中的幼虫。还可利用成虫的假死习性，在发生期振树，虫落地后捕杀。

（2）**物理防治**　栗实采收后，立即将栗苞浸入50～55℃温水中10～15分钟，杀死果内幼虫，浸后晾干，不影响种子发芽和栗实品质。或以25.8～38.7戈〔瑞〕/千克的γ射线照射，既可杀死种实内害虫，又可保持水分，但不宜留种。

（3）**化学防治**　①上一年栗实象甲发生严重的栗园，在翌年6～7月份成虫出土期，于地面喷洒5%辛硫磷微胶囊剂100倍液。②成虫产卵期，树上喷洒2.5%溴氰菊酯乳油或4.5%高效氯氰菊酯乳油2000倍液，可兼治桃蛀螟。

（六）板栗剪枝象甲

板栗剪枝象甲又名剪枝栗实象、剪枝象鼻虫，俗名锯枝虫，主要危害板栗、锥栗、茅栗等。成虫体黑蓝色，具金属光泽，密生银灰色茸毛。以成虫咬断果枝，栗苞枝倒悬其上，造成栗苞发育不良或脱落。每头雌虫可剪断果枝30多个，对板栗危害非常严重。幼虫初孵化时身体乳白色，老熟时黄白色，体长4.5～8毫米，呈镰刀状弯曲，体表多横皱褶。幼虫在坚果内取食栗仁，可将坚果蛀食成空壳，果内充满虫粪。

1. 发生规律　该虫1年发生1代，以老熟幼虫在土中做土室越冬。翌年5月上旬开始化蛹，蛹期约30天。5月下旬至6月上旬成虫开始羽化，发生期可持续到7月中旬。成虫羽化后即破土而出，上树取食花序和嫩栗苞，1周后即可交尾产卵。成虫产卵前先在距栗苞3～6厘米处咬断果枝，并在断枝的栗苞内产卵，产毕用碎屑封闭产卵孔。然后再将倒悬果枝断面相连皮层咬断，果实与枝条一起坠落，少数因皮层未断仍挂在树上。幼虫自6月中下旬开始孵化，初孵幼虫先在栗苞内危害，以后逐渐蛀入坚果内取食。7月下旬后，幼虫陆续老熟脱果，入土进入越冬状态。

2. 防治方法

（1）**农业防治**　①及时拾取落地虫果，集中烧毁或深埋，消灭其中的幼虫。②成虫具有假死习性，可在发生期振树，成虫落地后捕杀。

（2）**生物防治**　在7月下旬幼虫脱果始期，把昆虫病原线虫悬浮液喷洒板栗树下的土壤，使昆虫病原线虫寄生老熟幼虫。可兼治栗实象甲。

（3）**化学防治**　参照栗实象甲的药剂防治。

（七）栗链蚧

栗链蚧是板栗上的主要害虫之一。雌成虫介壳呈圆形，暗褐色有光泽，上有黑褐色不规则斑纹。该虫以若虫、雌成虫群居于栗树枝条、叶片上吸取树体汁液，1～2年生枝条被害后，雌成虫刺吸处皮层不生长而周围皮层受刺激迅速生长，呈圆形隆起，将虫体包埋。受害枝条凹凸不平，表皮皱缩干裂，秋后干枯死亡。叶片受害后，叶面出现淡黄色斑点，严重时导致叶片脱落。

1. 发生规律　栗链蚧在苏北地区1年发生2代。以受精雌成虫在枝干表皮下越冬。翌年4月上旬越冬雌成虫开始孕卵，4月中旬开始产卵，卵产于介壳尾部。第一代卵于4月下旬开始孵化，5月上中旬进入孵化盛期。此时，正是板栗雄花开放期。若虫孵出后不久即出壳分散活动，待找到适宜位置固定后即分泌蜡质形成介壳。虫体逐渐长大，经20～25天便可分化成雌、雄虫体。雌虫多集中于1～2年生枝条上，雄虫多集中于叶片背面和新梢上。6月下旬第一代雌成虫开始产卵，7月上旬第二代卵开始孵化，7月中旬进入孵化盛期。9月份以后受精雌成虫开始越冬。

2. 防治方法

（1）**农业防治**　结合冬季修剪，剪除虫量大的枝条，集中销毁；也可用刀刮除虫体。

（2）**化学防治**　①3月下旬在树干上打孔注射1：1吡虫啉药液。②第一、第二代若虫孵化盛期，树上喷洒4.5%高效氯氰菊酯乳油2 000倍液，或10%吡虫啉可湿性粉剂3 000倍液；也可在板栗盛花期后喷洒3%啶虫脒乳油1 500倍液。

第十一章
柿子、猕猴桃主要病虫害防治

一、主要病害

（一）柿炭疽病

柿炭疽病是危害柿子的一种主要病害，显著影响产量和品质。

1. 发病症状　主要危害果实及枝梢。果实发病初期，果面出现深褐至黑褐色斑点，渐扩大形成近圆形深色凹陷病斑，病斑中部密生灰色至黑色隆起小点，呈同心轮纹状排列，即病菌的分生孢子盘，潮湿时涌出粉红色黏质分生孢子团。病斑深入果肉形成黑色硬块，病果变软，造成柿烘和落果。新梢染病发生黑色小圆斑，病斑渐扩大成长椭圆形褐色凹陷斑，上面生有黑色小点；后期病斑纵裂，病部木质腐朽易折断。

2. 发病特点　柿炭疽病由真菌引起。病菌主要在枝梢病斑组织中越冬，也可在病干果、叶痕和冬芽等处越冬。翌年初夏，越冬病菌产生分生孢子，借风雨传播，从伤口或表皮直接侵害新梢、幼果，经1周左右开始发病。以后病菌产生分生孢子可以进行多次侵染或再侵染。枝梢在6月上旬开始发病，到雨季进入发病盛期，后期继续侵害秋梢。果实从6月下旬至7月上旬开始发病，直至采收期。炭疽病菌喜高温高湿，雨后气温升高，易出现发病盛期。夏季多雨年份发病重，干旱年份发病轻。管理粗放、树势衰弱易发病。

3. 防治方法

（1）**农业防治** 冬季结合修剪，彻底清扫果园，剪除病枝梢，摘除病僵果；生长季及时剪除病梢、摘除病果，集中深埋或投入沼气池。

（2）**化学防治** ①萌芽前，树上喷施 3～5 波美度石硫合剂。②6月中旬至7月中旬喷施 2 遍 1:5:400～500 波尔多液；7月下旬开始用 70% 代森锰锌可湿性粉剂 400～500 倍液，或 70% 甲基硫菌灵可湿性粉剂 1 000 倍液喷洒树冠。

（二）柿角斑病

柿角斑病属真菌性病害，主要危害柿树和君迁子。

1. 发病症状 主要危害柿蒂和叶片，叶片症状从开始出现到形成典型病斑需要 30 天左右。叶片受害初期先在叶正面出现黄绿色不规则病斑，边缘较模糊，斑内叶脉变黑色。以后病斑逐渐扩展为边缘浅黑色、中部浅褐色的多角形病斑。柿蒂染病，病斑多发生在四角上，呈浅黄色至深褐色多角形病斑。

2. 发病特点 病菌在柿蒂及病叶中越冬。翌年 6～7 月份，病菌孢子随降雨传播侵染叶片和果蒂，8月初田间开始发病，至9月份造成大量落叶、落果，影响产量。病情与多雨年份以及6～8月份雨季的早晚、降雨量的多少有关，一般降雨早、雨日多发病早而严重；如果降雨晚，雨日和雨量少的年份则发病晚而轻，落叶也延迟。

3. 防治方法

（1）**农业防治** 秋、冬季节，彻底清除树上、树下的柿蒂和落叶，集中深埋或销毁，减少越冬菌源。

（2）**化学防治** 6月下旬至7月下旬，即落花后 15～20 天，树上均匀喷洒 1:3:200 波尔多液 1～2 次，或 65% 代森锌可湿性粉剂 600～800 倍液 1～2 次。可与炭疽病一起喷药防治。

（三）柿圆斑病

柿圆斑病属真菌性病害，主要危害柿树叶片，导致提前落叶。

1. 发病症状 主要危害叶片，也可侵染柿蒂和果实，造成叶片变红并提前脱落，仅留柿果，然后柿果也逐渐变红、变软、脱落。叶片发病初期产生圆形小斑点，正面浅褐色，无明显边缘，稍后逐渐扩大为直径 2～7 毫米的圆形深褐色病斑。病斑周围有黄绿色晕环，斑的边缘黑色，中心色浅。病叶渐变红色，后期病斑背面出现黑色小粒点。柿蒂上的病斑较小，褐色近圆形，出现时间晚于叶片。

2. 发病特点 柿圆斑病菌在病叶上越冬。翌年 6 月中旬至 7 月上旬产生子囊孢子，借风传播，由气孔侵入。此病一般发生在 9 月份，10 月上中旬病叶变红脱落，之后柿果变红变软、脱落。雨量多、湿度大有利于柿圆斑病发生与加重。

3. 防治方法 同柿角斑病防治。

（四）猕猴桃溃疡病

猕猴桃溃疡病是一种细菌性病害，主要危害猕猴桃树枝干，也危害叶片和花，严重时造成死枝甚至整株枯死。

1. 发病症状 枝干发病时先从发病部位溢出乳白色黏脓，皮层与木质部分离，韧皮部变灰腐烂，植株进入伤流期后病部溢出呈锈红色液体；病斑扩展绕茎一周后导致病部以上的枝干干枯死亡，也会向下部扩展导致地上部分枯死或整株死亡。叶片发病时先产生褪绿小点，后发展为边缘具黄晕的褐色斑，病斑直径 2～3 毫米，湿度大时病斑湿润并有乳白色菌脓溢出；叶片上产生的小病斑较多时会相互融合形成枯斑，秋季叶片病斑呈暗紫色或暗褐色，导致叶片提前脱落。花蕾感病不能开花，变褐枯死。

2. 发病特点 溃疡病菌在发病的枝蔓上、叶片上越冬。春季病原菌从病部溢出，通过风雨、昆虫、修剪等传播，传染到新梢、叶片、枝干上，从气孔、皮孔、虫孔、各种伤口等处侵入植株体内。病菌喜欢在低温潮湿条件下发病，当旬平均气温为0℃时开始发病，2～15℃病害流行速度快，15℃以上病害流行速度趋缓，当旬平均气温达20℃左右时，病害基本停止蔓延。所以，重点发病时间在春、秋两季，春季枝干发病重，秋季叶片发病严重。品种之间对溃疡病抗性有差异，美味猕猴桃比中华猕猴桃抗性强，红阳、海沃德、秦美比较抗此病害。

3. 防治方法

（1）农业防治 ①选择抗病性强的猕猴桃品种栽植。购买苗木时一定要仔细检查，选用健康、无病虫害的苗木。②加强肥水管理，多施有机肥，避免单纯施氮肥，保持树壮，增强抗病能力。③冬季修剪后，将病枝、枯叶、僵果等全部清理出来集中烧毁或妥善处理。④注意冬季防冻，采取树干包扎、涂白等保护措施。⑤平时栽培管理中要细心操作，尽量避免造成伤口。及时防治害虫，减少病菌侵染途径。

（2）化学防治 ①自春季伤流期开始，每隔10天向树体喷洒1次3%中生菌素可湿性粉剂600倍液，以杀死树体上的病菌。②果实采收后，用0.3～0.5波美度石硫合剂喷施3～4次，防止病菌黏附在树体表面。③定期检查树体，发现该病立即剪去发病枝条，对已经发病的树干，用刀沿病斑外围0.5～1厘米处刮去发病组织，及时在病部涂抹松脂酸铜300倍液，或21%过氧乙酸水剂2～5倍液，间隔15天再涂抹1次。

（五）猕猴桃黑斑病

猕猴桃黑斑病是由真菌引起的病害，可危害叶片、枝蔓、果实。

1. 发病症状 叶片受害初期叶背长出灰色的绒状小霉斑，随后发展为灰色或黑色霉斑，叶片由绿色变为黄褐色或褐色，后期叶面产生黄褐色不规则坏死病斑，叶片容易早落。枝蔓受害初期在皮层出现黄褐色或红褐色纺锤形或椭圆形的水渍状病斑，稍凹陷，后期纵向开裂肿大，病斑上有茸毛状霉层，严重时病斑扩展绕茎一周造成枝蔓枯死。果实受害时，先出现暗灰色茸毛霉斑，霉层脱落后形成明显凹陷的圆形病斑，果肉呈紫色或紫褐色，后期果实发病部位变软腐烂。

2. 发病特点　该病原菌在病枝、落叶和土壤中越冬。翌年花期前后病菌产生分生孢子，随风雨传播，树体上近地面的叶片首先发病，病情逐渐向上部叶片蔓延。一般枝蔓在春季被病菌侵染后不立即发病，直到9～10月份出现病斑并发展达到高峰。高温、多雨有利于该病害发生。

3. 防治方法

（1）**农业防治**　冬季修剪后，清除田间枝条和落叶，集中深埋或烧毁。

（2）**化学防治**　①萌芽前，用3～5波美度石硫合剂喷洒枝干。②发芽后，用70%甲基硫菌灵可湿性粉剂600～800倍液，或40%多菌灵可湿性粉剂600～800倍液喷雾于枝叶，每隔15天左右喷洒1次，连喷3～4次。

（六）猕猴桃根腐病

猕猴桃根腐病是一种毁灭性的真菌性病害，是根系主要病害。

1. 发病症状　发病初期在根颈部形成暗褐色水渍状病斑，后逐渐扩大并产生白色绢丝状菌丝，病部皮层和木质部逐渐腐烂，有酒糟味。菌丝大量发生后经8～9天形成菌核，似油菜籽大小。病斑以下的根系逐渐变黑腐烂，导致植株死亡。

2. 发病特点　病菌在病根部组织皮层内越冬，或随病残组织在土壤中越冬。病菌可在土壤中存活1年以上，病根组织内的病菌和土壤中的病菌是翌年的主要侵染源。翌年春季树体萌动后，病菌随耕作或地下害虫活动传播，蛴螬、地老虎等地下害虫侵害猕猴桃根系后，病菌更容易通过伤口侵入感病。一般田间4月份根腐病开始发病，7～8月份是发病高峰期。土壤质地黏重、排水不良、地下害虫多的果园容易发生此病害。

3. 防治方法

（1）**农业防治**　①高垄栽植，禁止重茬。合理排灌，防止田间积水。②合理对地面进行杂草管理，采取水肥药一体化技术，及时防治地下害虫，避免损伤猕猴桃根系，造成病菌侵染。③田间发现根腐病，及时刨开土壤晾根，剪除病根和部分枝叶，以降低树体水分蒸腾。

（2）**化学防治**　用利刀刮除根病部腐烂部分并涂抹波尔多液，15天后用新土覆盖，刮伤面积大时，可涂蜡保护。同时，用40%代森锌可湿性粉剂400倍液灌根，每株灌15～25千克药液。

（七）根结线虫病

根结线虫病是由土壤中线虫侵染引起的根部病害。多由南方根结线虫引起，主要危害根部，从苗期到成株期均可受害。

1. 发病症状　苗期受害，造成植株矮小，新梢短而细弱，叶片黄瘦易落，挖根可见根系有大量根结。成株期受害，树势弱，枝少、叶片发黄、结果少而小，果肉僵硬，根系上生有多个小根疣，老根上多个根疣可愈合形成节状大疣，疣面粗糙，严重时根疣和病根都变黑腐烂，整株猕猴桃萎蔫死亡。

2. 发病特点　根结线虫以成虫和卵越冬，通过苗木、土壤、农具进行传播。卵孵化出幼虫，以2龄幼虫侵入猕猴桃根系，在根组织内吸取养分用于虫体生长和繁殖后代，并刺激危害部位细胞分裂和肿胀，形成根疣和根节，破坏根系功能。

3. 防治方法　①禁止栽植带有根结线虫的病苗，也不能在生有根结线虫的地块育苗和建园，这是防治线虫病的最有效措施。②发现患有线虫病的园片，在猕猴桃采收后，在主干周围开环形沟，撒施0.1%克线磷颗粒剂45～75千克/公顷，然后立即覆土浇水。也可用1.8%阿维菌素乳油1000倍液灌根。

二、主要虫害

（一）柿绵蚧

柿绵蚧又称柿绒粉蚧、柿毡蚧、柿绒蚧，是柿树的主要害虫之一，在我国许多地方都有发生，主要危害柿树、君迁子。雌成虫椭圆形，紫红色，体节明显，体背有白色毛毡状蜡壳，蜡壳长3毫米左右，宽2毫米左右。该介壳虫以雌成虫和幼若虫刺吸危害枝条、叶片和果实，果面被害处呈黄绿色小点，逐渐扩大发展为黑斑，导致果实提前变软、脱落。同时，虫体分泌物诱发煤污病，污染果实和叶片。

1. 发生规律　该虫在甘肃、陕西、北京、天津、河北、河南等地1年发生4代。以盖有薄层蜡粉的初龄若虫在3～4年生枝条的皮层裂缝、1年生枝条基部、树干的粗皮裂缝及干柿蒂上越冬。柿树萌芽时，若虫开始出来活动取食，逐渐爬行到嫩梢、叶片上危害。结果后转移到果实上危害。虫体不断生长膨大，分化为雌、雄成虫，交尾后产卵于雌虫体壳下。卵期12～21天，孵出的幼虫爬行向四周扩散，寻找适宜位置固着危害。10月中旬以末代2龄若虫爬至树皮缝等处越冬。

2. 防治方法

（1）生物防治　保护利用天敌。柿绵蚧的天敌主要有黑缘红瓢虫和红点唇瓢虫，可以有效抑制柿绵蚧种群数量的增长，控制其发生与危害。因此，在树上瓢虫数量较多时，不喷洒有机磷、拟除虫菊酯类杀虫剂，以免杀伤瓢虫。

（2）化学防治　①春季柿树发芽期，用3%啶虫脒乳油1000倍液喷洒枝干。②开花前，树上喷洒10%吡虫啉可湿性粉剂3000倍液，幼果期再喷洒1次，可有效防治该介壳虫，同时兼治柿树叶蝉。

（二）柿　叶　蝉

柿小叶蝉俗名柿小浮尘子、瞎碰。成虫体长 3 毫米，翅黄白色，前翅有红黄色弯曲斜纹 3 条。主要危害柿叶，以成虫及若虫在叶片背面刺吸汁液，使叶片出现褪绿斑点，严重时斑点密集成片，叶片变为苍白色。

1. 发生规律　1 年发生 3 代，以卵在当年生新梢上越冬。越冬卵在 4 月下旬开始孵化第一代若虫，5 月上中旬为孵化盛期，5 月下旬变为第一代成虫，交尾产卵。7 月上旬出现第二代成虫，8 月中旬出现第三代成虫。柿小叶蝉产卵时是将其尾部的产卵管插入新梢木质部，产卵于其中，形成一个长形的卵穴，外面附有白色茸毛。成虫、若虫生性活泼，并能横着爬行，受惊动后立即爬行或飞起。

2. 防治方法

（1）**农业防治**　清明节前后及时剪除有越冬卵的枝梢，集中烧毁。

（2）**化学防治**　在各代低龄若虫期，树上喷洒杀虫剂，药剂选用吡虫啉、啶虫脒、高效氯氰菊酯。

（三）柿　蒂　虫

柿蒂虫又名柿食心虫、柿实蛾，俗名柿烘虫。在我国柿树种植区广泛分布，发生危害较重。其成虫体长 5.5～7 毫米，头部黄褐色，有金属光泽，胸、腹部和前后翅均呈紫褐色，翅细长，前翅近顶端处有一金黄色带状纹，尾部及足均呈黄褐色，静止时后足举起。老熟幼虫体长 9～10 毫米，头褐色，身体背面紫色，前 3 节颜色较淡。以幼虫蛀食柿果，多从柿蒂处蛀入果心内取食，蛀孔处有虫粪和丝状混合物。

1. 发生规律　1 年发生 2 代，以老熟幼虫在老树皮缝隙、树干基部附近1～3厘米深土中以及残留在树上的干果中结灰白色丝茧越冬。翌年4月中下旬化蛹，4月底或5月初开始羽化为成虫，5月上中旬为羽化盛期。5月下旬为产卵盛期，卵散产于果柄与果蒂隙间或叶柄基部。第一代幼虫5月中旬蛀果危害，形成"小黑柿"。第一代成虫7月初出现，成虫具有趋光性，喜欢夜间活动、交尾产卵，幼虫孵出后从果柄或果蒂蛀入果实，并吐丝将果柄和果蒂缠住，使果实不能掉落，在树上形成"柿烘"，最后干缩后吊挂在树上。第二代幼虫危害到8月中旬，之后幼虫从果内钻出，爬到枝干老皮下结茧越冬。幼虫有转果危害习性，1头幼虫可转移危害3～6个果实。

2. 防治方法

（1）农业防治 ①在柿蒂虫越冬代成虫羽化出土前，在柿树根颈部及其周围堆25厘米高的土堆，阻止羽化的成虫出土。②田间及时摘除虫果，集中投入沼气池或深埋。

（2）物理防治 利用黑光灯诱杀和测报成虫发生期。

（3）化学防治 在越冬代成虫和第一代成虫发生盛期，树上喷洒2.5%溴氰菊酯乳油2 000倍+25%灭幼脲悬浮剂2 000倍混合液，防治卵和初孵幼虫。

（四）柿星尺蛾

柿星尺蛾是一种杂食性害虫，除危害柿树外，还危害枣、苹果、梨、核桃、李、杏、山楂等多种果树。该虫以幼虫危害柿树叶片，发生较严重时，可将柿叶全部吃光，影响树木生长发育和产量。老熟幼虫体长约5毫米，头部黄褐色，身体背线宽大呈带状，暗褐色，两侧各有1条黄色宽带，上生有不规则黑色花纹。

1. 发生规律 该虫1年发生2代，以蛹在土中越冬。越冬蛹5月下旬开始羽化，6月下旬至7月上旬为羽化盛期。7月上中旬为产卵盛期，产于叶片背面，呈块状排列。7月中下旬，为第一代幼虫危害盛期。第二代幼虫在8月上旬出现，8月中下旬为第二代幼虫发生危害盛期。9月份老熟幼虫进入越冬期，多在树根附近潮湿疏松的土中或石块下化蛹。幼虫有假死性，受振动则吐丝下垂，过后又沿丝上升爬回到原处危害。成虫具有趋光性和微弱的趋水性。

2. 防治方法

（1）**农业防治**　田间零星发生时，在幼虫危害时期，利用其受振吐丝下垂的习性捕杀幼虫。

（2）**生物防治**　9月份老熟幼虫下树入土期，在树下喷洒昆虫病原线虫悬浮液，使其寄生幼虫和蛹。

（3）**化学防治**　低龄幼虫发生期，树上喷洒2.5%溴氰菊酯乳油2 000倍＋25%灭幼脲悬浮剂2 000倍混合液。

（五）猕猴桃介壳虫

在猕猴桃生产中，常发生的介壳虫是桑白蚧和草履蚧。它们均以雌成虫和若虫固定于枝条上刺吸汁液，被害处生长异常，严重的枝条表面布满灰白色介壳，造成枝条干枯死亡。

1. 发生规律　桑白蚧在猕猴桃园1年发生3～4代，以受精雌成虫在枝干上固着越冬。猕猴桃发芽期开始取食树体汁液，并产卵于介壳下。卵孵化后1龄幼虫爬出卵壳，分散寻找合适场所固着危害。每代介壳虫卵孵化期是树上喷药防治的关键时期。

2. 防治方法　参照桃树桑白蚧防治。

（六）猕猴桃叶蝉

危害猕猴桃的叶蝉有很多种，主要有猩红小绿叶蝉、桃一点叶蝉、假眼小绿叶蝉等。所有叶蝉均以成虫、若虫刺吸危害猕猴桃叶片，导致叶片褪绿，影响光合作用。

1. 发生规律　猕猴桃自发芽展叶至落叶，均可遭受叶蝉危害，发生高峰期在6～9月份。

2. 防治方法　参照桃一点叶蝉防治方法。

第十二章
柑橘主要病虫害防治

一、主要病害

（一）柑橘黄龙病

柑橘黄龙病是世界柑橘生产上的毁灭性病害，由内寄生的革兰氏阴性细菌引起，能够侵染危害柑橘属、枳属、金柑属的果树，严重制约柑橘产业的发展。

1. 发病症状 柑橘黄龙病又称黄梢病，其发病症状是病树的"黄梢"，即在绿色树冠上的一个大枝或者数个小枝新梢叶片发生黄化，呈现明显的黄梢，有的地方称为"插金花"或"鸡头黄"。随后，病枝梢的下段枝条和树冠其他部位的枝条陆续发病。根据叶片黄化的情况可分为均匀黄化型、斑驳状黄化型和缺素状黄化型3种类型。新梢上的叶片长至正常大小，在转绿的过程中停止转绿，呈现均匀的黄色或淡黄色，质地硬而脆，于不久后脱落，此为均匀黄化型。若新梢转绿后，从叶片基部和靠近基部的边缘开始逐渐褪绿黄化，而叶片其他部分保持绿色，形成不规则的黄斑，此为斑驳状黄化型。另外，柑橘黄化病还可表现为类似缺锌或缺锰症状的缺素状黄化型。病树往往落叶严重，梢短而纤弱，叶小而直立，出现大量枯枝，开花多而早，坐果率极低，果小而畸形。果实成熟期出现"青果"或"棉花果"，植株后期新根少，须根腐烂，随后逐渐延伸至树干，木质部变黑，树皮脱落，最终全株枯死。

2. 发病特点　该病在柑橘生长的每次新梢均可发生，以夏、秋梢受害最烈，发病适宜温度为30℃。春梢黄龙病多发生于树冠中、下部的外围，夏、秋梢则多发病于树冠的顶部。在我国，本病主要在广东、广西、福建、海南和台湾等省（区）发生和流行。柑橘木虱是其传毒媒介，果园内植株生长不整齐，随时有嫩梢，可吸引柑橘木虱前来取食、传毒。

3. 防治方法

（1）农业防治　①培育无病苗木。苗圃地应选择在无病区或隔离条件好的地方，或用塑料网棚封闭式育苗。砧木种子应采自无病树的果实，种子用50～52℃热水浸泡5分钟，预热后再浸泡在55～56℃的热水中，恒温达50分钟。接穗应采自经鉴定的无病母树，并用盐酸四环素1000倍液浸泡2小时，后即用清水冲洗干净嫁接。②调整果树品种结构，在柑橘产区内不种植黄皮、九里香等芸香科植物，杜绝柑橘木虱转移寄主。

（2）药剂防治　到目前为止，对柑橘黄龙病是没有可靠的防治药物或方法。但是，可以及时防治柑橘木虱，切断传毒途径。在柑橘木虱发生期，树上喷洒1.8%阿维菌素乳油3500倍液，或3%啶虫脒乳油2500倍液。其他防治方法和药剂参见柑橘木虱防治。

（二）柑橘溃疡病

柑橘溃疡病属于细菌性病害，在国内柑橘主产区普遍发生危害较重。可引起柑橘落叶、落果，影响柑橘产量和品质。

1. 发病症状　该病害主要危害叶片、果实和枝梢，秋梢上的病斑是主要越冬场所。叶片发病初期在叶背面产生黄色或暗黄绿色油渍状小斑点，随后斑点从叶面隆起，呈米黄色海绵状物，后期隆起部位破碎呈木栓状或病部凹陷，形成褶皱，病斑淡褐色，中央灰白色，并在病健部交界处形成一圈褐色釉光。果实发病与叶片上的症状相似，病斑只限于在果皮上而不向里扩展，发病严重时可引起果实早落。枝梢发病初期出现暗绿色圆形水渍状小点，后扩大成灰褐色木栓化斑，并形成大而深的裂口，最后数个病斑连接成黄褐色不规则大斑。

2. 发病特点　柑橘溃疡病菌在病叶、病枝或病果内越冬。翌春遇水病菌从病部溢出，通过风雨、昆虫、枝叶接触传播，从柑橘气孔、皮孔侵入，一些害虫危害形成的伤口、台风刮伤树体形成的伤口均是病菌侵染的主要途径。所以，暴风雨和台风过后，柑橘树容易发生溃疡病。病菌有潜伏侵染性，有的柑橘秋梢受侵染，冬季不发病，待到春季出现症状。3月下旬至12月份均可发病，1年有3个发病高峰期，也就是春梢期、夏梢期、秋发期，其中以6～7月份夏梢和晚夏梢发病受害最严重。气温在25～30℃条件下，雨量越多，病害越重。

柑橘溃疡病远距离传播，主要通过带病苗木、接穗和果实等繁殖材料。

3. 防治方法

（1）**农业防治**　①建立无病苗圃，培育和栽植无病苗木。②加强栽培管理，不偏施氮肥，增施钾肥，提高抗病性。③控制橘园肥水，保证夏、秋梢抽发整齐，抹除早秋梢，适时放梢。④结合冬季清园，彻底清除树上与树下的残枝、残果或落地枝叶，集中烧毁或深埋，减少病菌来源。及时防治害虫，避免造成伤口。

（2）**化学防治**　①冬季清园时或春季萌芽前喷 0.5 波美度石硫合剂液，或 50% 代森铵水剂 500～800 倍液。②春季开花前及落花后的 10 天、30 天、50 天，以及夏、秋梢期在嫩梢展叶和叶片转绿时，各喷药 1 次。特别是在台风或暴风雨后，树上应立即喷药防治。有效药剂基本为铜制剂，分别为 64% 氢铜·福美锌可湿性粉剂 500～600 倍液，或 77% 氢氧化铜可湿性粉剂 400～500 倍液，或 56% 氧化亚铜悬浮剂 500 倍液，或 12% 松脂酸铜乳油 300～600 倍液，或 30% 碱式硫酸铜悬浮剂 300～400 倍液，或 30% 氧氯化铜悬浮剂 600～800 倍液，或 47% 春雷·王铜可湿性粉剂 470～750 倍液，或 1∶1∶200 波尔多液。

（三）柑橘衰退病

柑橘衰退病是由柑橘衰退病毒侵染引起的世界性病害，在我国各柑橘产区普遍发生。

1. 发病症状　柑橘衰退病的发病症状主要有 3 种。速衰型症状表现为柑橘树体逐渐或快速地衰退甚至死亡，主要危害以酸橙作砧木的柑橘品种；苗黄型症状表现为苗木的叶片黄化，主要危害酸橙、柠檬和葡萄柚等；茎陷点型症状表现为植株矮化和树势衰退，剥开枝梢的皮层，可见木质部有明显的陷点或陷条，有时充胶，枝条脆弱极易折断，叶片呈现主脉黄化，果实变小，主要危害葡萄柚、来檬、大多数柚类品种和某些甜橙品种。

2. 发病特点　柑橘衰退病主要通过带毒的苗木嫁接材料或蚜虫传播，传毒的蚜虫有橘蚜、棉蚜、橘二叉蚜等。病毒侵入寄主后，一般先从顶部向下运行，病毒破坏砧木的韧皮部，进而阻碍养分输送，引起根部腐烂。

3. 防治方法

（1）**加强检疫**　通过严格检疫可以防止引起甜橙严重茎陷点的强株系的传入。

（2）**农业防治**　①栽培抗病品种。对于发病严重树体，应立即铲除，建议以抗病性强的树种作为主打品种。②对于发病较轻的枝梢，应及时修剪并在修剪口涂愈伤防腐膜促进伤口愈合。③采果前后及时而适当地增施肥料以增强树势，提高抗病性。

（3）**化学防治**　及时喷药防治蚜虫，防止蚜虫传毒。有效防治药剂为 3% 啶虫脒乳油 2 500 倍液，或 10% 吡虫啉可湿性粉剂 5 000 倍液，或 4.5% 高效氯氰菊酯乳油 2 500 倍液。

（四）柑橘裂皮病

柑橘裂皮病是由柑橘裂皮病类病毒引起的重要病害之一，可危害橘、橙、柚、柠檬等树种。在国内柑橘产区普遍发生危害，严重影响柑橘类果树的产量和品质。

1. 发病症状 受害植株砧木部树皮纵向开裂，部分树皮剥落，植株矮化，新梢少，开花多，坐果少，后期部分枝梢枯死。兰普来檬和枳受感染后 4～6 个月，其新梢上会出现长形黄斑，病斑部树皮纵向开裂。柑橘被该病毒的弱毒系感染时，仅砧木植株矮化，无裂皮症状。

2. 发病特点 该病毒的传播途径为带毒苗木、接穗、砧木、嫁接和修剪工具等。寄主的感病性是决定裂皮病发生的主要因素，枳、枳橙、兰普来檬感病后表现出明显的病状；甜橙、宽皮柑橘和柚等感病后不显病状，成为隐症带毒植株。用酸橙、酸橘、红橘和枸头橙作砧木的比较抗病。

3. 防治方法

（1）**加强检疫** 防止带毒苗木、接穗传入无病区。

（2）**农业防治** ①培育无病苗木，通过茎尖嫁接方法脱毒培育无毒植株，作为采穗树。②嫁接刀、修枝剪等工具使用前后用 1% 次氯酸钠液或 10% 漂白粉混悬液消毒，将工具浸入消毒液或用布蘸后擦洗刀刃部 1～2 秒钟，再用清水冲洗擦干。

（五）柑橘疮痂病

柑橘疮痂病俗称癞头疤、麻壳，属真菌性病害，可危害温州蜜柑、蕉柑、椪柑、柠檬等。广泛分布于我国柑橘种植区，常年发生危害严重，是柑橘的一种重要病害。

1. 发病症状 主要危害叶片、新梢、幼果，也可危害花萼和花瓣。叶片发病初期病斑为油渍状的黄色小点，随后病斑逐渐增大，颜色变为蜡黄色；后期叶片上的病斑木栓化，多数向叶背面突出，叶正面凹陷成漏斗状，导致叶片畸形或脱落。新梢发病后枝梢变短，严重时呈弯曲状，但病斑突起不明显。花器发病后花瓣很快脱落。谢花后不久，幼果就开始发病，病斑开始为褐色小点，以后逐渐变为黄褐色木栓化突起，严重时可引起幼果脱落，或果个小、皮厚、畸形、味酸等。空气湿度大时，上述病斑表面会长出粉红色的分生孢子盘。

2. 发病特点　疮痂病菌以菌丝体在病斑内越冬。翌年春季气温上升到15℃以上，遇多雨高湿时，老病斑产生分生孢子，随风雨、昆虫、操作工具传播到春梢嫩叶、花及幼果上，孢子萌发侵入表皮组织生长菌丝，导致发病出现新病斑。以后新病斑又产生分生孢子侵染危害夏、秋嫩梢及果实。该病害属低温型病害，发病的最适宜温度为20～21℃，气温超过24℃即停止发病。新梢抽生及展叶时，天气阴雨连绵或清晨大雾重露，疮痂病容易流行，对柑橘危害加重。

不同柑橘类型和品种的抗病性差异很大，温州蜜柑、早橘、本地早、南丰蜜橘、福橘、衢橘、乳橘、柠檬及天草不抗病；其次是椪柑、蕉柑、枸头橙、小红橙等；抗病品种为柚类、梗橘和大多数杂柑类品种；甜橙类品种高度抗病。

3. 防治方法

（1）**农业防治**　①栽培抗病品种，加强田间管理。②冬季和早春结合修剪，剪除病枝病叶，春梢发病后也及时剪除病梢，带出园外集中处理。

（2）**化学防治**　新梢发病初期喷药防治。为了预防幼果发病，应在柑橘谢花2/3时喷药，此后应根据温、湿度情况定期喷药预防。有效的药剂品种有波尔多液，或55%硫菌·乙霉威可湿性粉剂1000～1200倍液，或50%多霉威可湿性粉剂800～1000倍液，或50%咪鲜胺锰盐可湿性粉剂1000倍液，或80%代森锰锌可湿性粉剂600倍液，或50%多菌灵可湿性粉剂800倍液，或70%甲基硫菌灵可湿性粉剂800～1000倍液。

（六）柑橘炭疽病

柑橘炭疽病俗称爆皮病，是危害柑橘的一种重要病害。在国内广泛分布，且发生危害时间长，常年危害柑橘。属真菌性病害，可危害柑橘、橙、柚、柠檬等多种果树，常造成大量落叶、落花、落果和果实腐烂，还可引致枝条枯死。并在贮藏运输期间发病，引起采收后果实大量腐烂。

1. 发病症状　该病菌侵染危害叶片、枝条、花、果实和果柄。叶片发病时病斑多出现于叶缘或叶尖，呈圆形或不规则形，浅灰褐色，边缘褐色，病健部分界清晰，病斑上有同心轮纹排列的黑色小点。枝梢发病多自叶柄基部的腋芽处开始，病斑初为淡褐色椭圆形，后发展为灰白色梭形，病健交界处有褐色边缘，其上有黑色小粒点，病部环绕枝梢一周后，病梢即自上而下枯死。幼果期发病，病斑初期为暗绿色，形状不规则，病部凹陷，其上有白色霉状物或朱红色小液点。后期病斑扩大至全果，病果干缩成黑僵果挂在枝梢上。大果期受害，病斑有干疤型、泪痕型和软腐型3种症状。干疤型多发生在果实腰部，病斑圆形或近圆形，黄褐色或褐色，稍微下陷，但病组织不深入果皮下；泪痕型是在果皮表面有一条条如眼泪一样的，由许多红褐色小凸点组成的病斑；软腐型在贮藏期发生，一般从果蒂部开始，初期为淡褐色，以后变为褐色而腐烂。花期发病时，雌蕊柱头被侵染后常表现褐色腐烂并落花。果梗发病病斑颜色变化为初期褪绿，后变成淡黄色，再变为褐色干枯，果实随即脱落，也有的病果成僵果挂在树上。

2. 发病特点　炭疽病病菌以菌丝体和分生孢子在病组织内越冬。春季产生分生孢子借风雨和昆虫传播。炭疽病病菌喜欢高温高湿，生长最适温度为21～28℃。分生孢子在适宜温、湿度下萌发产生芽管，从气孔、伤口或直接穿透表皮侵入寄主组织。炭疽病菌属于弱寄生菌，健康组织一般不会发病，过熟或有伤口的果容易感病。如果柑橘生长期间发生严重冻害，或早春低温潮湿，夏、秋季高温多雨等，或由于耕作、移栽、长期积水、施肥过多等造成根系损伤；或肥力不足、干旱、虫害严重、农药药害、空气污染、暴风雨等造成树体衰弱；或由于偏施氮肥使植株大量抽发新梢和徒长枝，均有利于该病害发生。甜橙、椪柑、温州蜜柑和柠檬发病较重。

3. 防治方法

（1）**农业防治**　①加强栽培管理，增施有机肥和磷钾肥，避免偏施过施氮肥，以增强树势和提高抗病力。②做好肥水管理和防虫、防冻、防日灼等工作，避免造成树体机械损伤。③剪除病虫枝和徒长枝，清除地面落叶、落果，集中烧毁。

（2）**化学防治**　做到发病前喷药保护、发病后及时喷药防治，特别是在遭受自然灾害和有急性型病斑出现时，更应立即进行喷药防治。防治药剂有50%咪鲜胺锰盐可湿性粉剂1 000倍液，或80%代森锰锌可湿性粉剂600倍液，或50%多菌灵可湿性粉剂800倍液，或70%甲基硫菌灵可湿性粉剂800～1 000倍液，或60%唑醚·代森联水分散粒剂1 000～1 500倍液，或12.5%氟环唑悬浮剂800～1 200倍液，或70%丙森锌可湿性粉剂600～800倍液。

（七）柑橘黑斑病

柑橘黑斑病是我国柑橘部分产区的常发性病害之一，也称"黑星病"，是一种危害柑橘的真菌性病害。主要危害果实，在果皮上形成各种病斑，影响果实的外观品质和销售价格，严重时可造成田间落果和贮藏期果实腐烂。

1. 发病症状　柑橘黑斑病有多种类型的表现症状，以黑斑和黑星两种类型症状居多，几种类型病斑有时可混合发生。黑斑型在果面上初为淡黄色或橙色斑点，后扩大成1～3厘米圆形或不规则形黑色大斑，中部稍凹陷，上生许多黑色小粒点。严重时多个病斑连在一起，覆盖整个果面。黑星型则在近成熟果实表面产生直径 1～5 毫米的红褐色病斑，后期病斑边缘呈红褐色至黑色，中部灰褐色，略凹陷，其上生有少量黑色小粒点，病斑不深入果内。叶片发病症状与果实上的黑斑型类似，常发生在老叶上，病斑圆形且周围有明显的黄色晕圈，中央褐色至灰白色，稍凹陷。

2. 发病特点　病菌主要在病叶、病果上越冬。翌年温、湿度等条件适宜时，产生分生孢子通过风雨和昆虫向外扩散，侵染柑橘的幼果和叶片，潜伏一段时间后发病。该病菌侵染果实主要发生在谢花期至落花后 45 天内，但不立即发病，到果实和叶片将近成熟时，病原菌迅速生长扩展，受害部位出现病斑，逐渐产生分生孢子进行再侵染。高温、多雨、晴雨相间和树势衰弱有利该病害的发生。不同的柑橘品种中，以南丰蜜橘、早橘、本地早、乳橘、年橘、茶枝柑、椪柑、蕉柑、柠檬、沙田柚、新会橙和暗柳橙等发病较重，大多数橙类、温州蜜柑、雪柑和红柑等较为抗病。一般幼树很少发病，7 年生以上的大树，特别是老树发病较重。栽培管理不善、遭受冻害、果实采收过迟等造成树势衰弱及机械损伤等均有利于发病。

3. 防治方法

（1）**农业防治**　①加强栽培管理，做好柑橘园肥水管理和害虫防治工作，降低湿度，保持强健树势，使其不利于发病。②冬季清园，结合修剪，剪除发病枝叶，及时收拾落叶、落果，予以烧毁来减少病原菌。

（2）**化学防治**　在花落后 45 天内进行，每隔 15 天左右喷洒 1 次，连续喷洒 2～3 次。药剂可用 0.5～0.8∶1∶100 波尔多液，或 70% 甲基硫菌灵可湿性粉剂，或 50% 多菌灵可湿性粉剂 600～1 000 倍液，或 77% 氢氧化铜可湿性粉剂 800 倍液，或 10% 苯醚甲环唑水分散剂 1 500～3 000 倍液，或 80% 代森锰锌可湿性粉剂 600 倍液，或 12% 腈菌唑乳油 2 000 倍液。

（八）柑橘树脂病

柑橘树脂病因发病部位不同而名称不同，发生在枝干上的称为树脂病或流胶病，发生在幼果和嫩叶上的称为黑点病或沙皮病，发生在贮藏期的称为蒂腐病，属于弱寄生性真菌病害。在我国柑橘产区普遍发生且危害严重。枝干发病后如不及时防治，1～2年内就会引起全株枯死，甚至毁园。受侵染的果实，在贮藏和运输期间会大量烂果，严重影响商品价值。

1. 发病症状　患有柑橘树脂病的果实，其表面一般会产生较多的"砂粒麻点"，类似于黑刺粉虱的"煤烟病果"，发病症状分为流胶型、干枯型、沙皮型和蒂腐性。干枯型发生在早橘、本地早、南丰蜜橘、朱红等品种上，枝干病部皮层呈红褐色干枯，略下陷并微有裂缝，在病健部交界处有明显的隆起线，病皮下的木质部为浅灰褐色，病健部交界处有1条黄褐色或黑褐色痕带。在高湿和温度适宜时，干枯型病斑有褐色胶液流出，转为流胶型症状，后期病部逐渐干枯下陷，病斑周缘有愈合组织产生，死亡皮层开裂脱落，木质部外露。沙皮或黑点型症状发生在幼果、新梢和嫩叶上，发病部位表面产生无数褐色、黑褐色散生或密集成片的硬胶质小粒点，表面粗糙，略微隆起，很像黏附着许多细沙。

2. 发病特点　柑橘树脂病病菌主要以菌丝体、分生孢子器和分生孢子在病部越冬。柑橘树脂病的发生需要多雨和适温，病原菌孢子在有水的情况下才能萌发和侵染，需要的适宜温度为15～25℃。病菌孢子只能从寄主的各种伤口（冻伤、灼伤、剪口伤、虫伤等）侵入，才能深入到寄主组织内部。在没有伤口、活力较强的嫩叶和幼果等新生组织的表面，病菌的侵染受阻于寄主的表皮层内，形成许多胶质的小黑点。所以，同时具有伤口、雨多、适温时，该病害才会发生大危害。

3. 防治方法

（1）农业防治　发现病枝及时剪除，收集落叶，集中烧毁或深埋。加强栽培管理，增强树势，提高树体抗病力，特别要注意防冻、旱涝、日灼，避免造成各种伤口，避免或减少病菌侵染。

（2）**化学防治**　①于春季萌芽期、花谢2/3及幼果期时，将0.5%小檗碱水剂按500～800倍稀释，进行全株喷雾，增强植株免疫力。②5～10月份，发现枝干病斑及时用刮刀刮除，随后纵刻病部深达木质部0.5厘米刮口，并涂抹药剂，可用0.5%小檗碱水剂5倍液，或10%嘧啶核苷类抗生素可湿性粉剂，或10%多抗霉素可湿性粉剂200～250倍液，或4%春雷霉素可湿性粉剂5～8倍液，也可用45%晶体石硫合剂50倍液等，于发病期涂抹2～3次，时间间隔为30天。

（九）柑橘膏药病

柑橘膏药病，常见有灰色膏药病和褐色膏药病，是真菌性病害。主要危害枝干，影响植株局部组织的正常生长发育，受害植株树势衰弱，严重时枝条枯死。

1. 发病症状　膏药病主要发生在老枝干上，也危害叶片。被害枝干长有圆形或不规则形的病菌子实体，颇似贴着的膏药。灰色膏药病菌的子实体表面较平滑，初期呈白色，后灰白色；褐色膏药病菌的子实体表面呈丝绒状，栗褐色，周缘有狭窄的灰白色带。两种膏药病的子实体衰老时都会发生龟裂，容易剥离。

2. 发病特点　病菌以菌丝体在病部枝干上越冬。翌年春、夏季，病菌在寄主枝干表面萌发为菌丝，发展为菌膜。在华南地区从4～12月份均可发生，以5～6月份和9～10月份高温多雨季节发生最多。两种病菌均以介壳虫、蚜虫等分泌的蜜露为养分或从寄主表皮摄取养料，担孢子借气流和昆虫传播危害，因此介壳虫危害严重的果园发病重。荫蔽潮湿和管理粗放的老柑橘园发病较重。

3. 防治方法

（1）**农业防治**　①合理利用捕食性和寄生性天敌及时防治蚧

类和蚜虫类害虫。②结合修剪清园，收集病虫枝叶烧毁，改善园内通风透光条件。

（2）**化学防治** ①用竹片或小刀刮除菌膜，再用0.1%硫酸铜液或50%咪鲜胺锰盐可湿性粉剂50～100倍液涂刷病部。②于4～5月份和9～10月份雨前或雨后，用10%波尔多液或70%硫菌灵＋75%百菌清（1:1）50～100倍液，或用1%波尔多液＋食盐（0.6%）混合剂，或石灰（4%）＋食盐（0.8%）过滤液喷施。

（十）柑橘煤污病

柑橘煤污病又称煤烟病，属于侵染性真菌病害。受害后柑橘枝梢、叶片、果实表面覆盖一层黑色霉层，影响光合作用，削弱树势，重者致树体整株枯死。果实受害内外品质变劣。

1. 发病症状 煤污病危害柑橘的枝梢、叶片、果实。发病初期，表面出现暗褐色点状小霉斑，后继续扩大成茸毛状黑色或灰黑色霉层。后期霉层上散生许多黑色小点或刚毛状突起物。

2. 发病特点 该病由多种真菌引起，其中以柑橘煤炱为主。除小煤炱是纯寄生菌外，其他均为表面附生菌。病原菌在发病部位越冬，翌年春季由霉层飞散孢子，借风雨传播。该病全年都可发生，以5～9月份发病最重。柑橘栽植过密不透风、降雨湿度大有利于该病发生。该病大部分病原菌以蚜虫、蚧类、黑刺粉虱等刺吸式口器的分泌物为营养，进行生长繁殖，辗转危害。

3. 防治方法

（1）**农业防治** ①适当疏剪，改善树体通风透光条件，降低湿度。②做好冬季清园工作，清除已经发生煤污病的枝叶和果实，或对叶面上撒施石灰粉可使霉层脱落。

（2）**化学防治** 及时做好粉虱类、蚧类和蚜虫类的防治，减少发病条件。对于已发生煤污病的橘园采取先治虫后治病的办法，在彻底消灭虫害的基础上喷施250克/千克的咪鲜胺乳油500～1000倍液，或70%甲基硫菌灵可湿性粉剂800倍液，或

80%多·福·福锌可湿性粉剂1 000～1 500倍液。

（十一）柑橘脚腐病

柑橘脚腐病又名裙腐病、烂兜病、褐腐病，该病由多种疫霉属真菌侵染引起。在柑橘老产区，感病后的树体树势衰退，产量急剧下降，甚至大量死树，严重影响柑橘产量和品质。

1. 发病症状　脚腐病多从柑橘的根茎部位的树皮开始发病。病部呈不规则的水渍状，黄褐色至黑褐色，树皮腐烂，有酒糟气味，潮湿时病部常渗出胶液，干燥时凝结成块。以后病斑逐步扩大，向上可蔓延至主干离地60～70厘米处，向下可蔓延至主根、侧根、须根，横向扩展导致根茎部呈环割状。旧病斑树皮干缩，皮层开裂，甚至剥落，木质部裸露。在外界条件适宜时，病部会多次复发侵染，受害植株在发病的对应方向出现"黄叶秃枝"现象，造成过量开花结果，果小、味酸和早黄。有时在黄熟期的果实上也会发病，病果有恶臭气味，湿度较大时，果实出现白色的细霉。

2. 发病特点　本病在不同产区报道的病菌不同，往往有两种或两种以上，主要有疫霉属和镰孢菌属。病菌在病株或土壤里的病残体中越冬，翌年温度及湿度条件适宜时病菌产孢、扩散侵染，从各种伤口、皮孔、气孔等处侵入危害。在高温多雨、排水不良、地势低洼的橘园，或栽植过深、嫁接口埋入地下、天牛危害及管理条件粗放的橘园发病严重。在中温高湿条件下，发病植株4～5天即可表现症状。高温干旱、阳光充足条件下，该病菌会暂时受到抑制。甜橙类比较感病，红橘、温州蜜柑次之。

3. 防治方法

（1）**农业防治**　①尽量采用枳壳类抗病砧木，适当提高嫁接部位，浅栽树让嫁接口露在土表以上，减少发病机会。②及时排除橘园积水，降低湿度。③冬季及时进行树体涂白保护。④尽量减少人工造成的伤口。

（2）**化学防治**　田间发现病树，先用刀刮除病斑，再用58%甲霜灵·锰锌可湿性粉剂400～600倍液，或25%多菌灵胶悬液原液，或2%～3%硫酸铜，或70%甲基硫菌灵可湿性粉剂200倍液涂抹病部。1周后再涂药1次。

（十二）柑橘根线虫病

柑橘根线虫病是危害柑橘根系的一种重要病害，多年发生较重。分布广，危害大，在丘陵、山地、水田、沙壤或红壤类型的土地所种植的柑橘均可受害。因染病植株地上部分症状不易识别，导致不能对症防治，使防治效果不佳。

1. 发病症状　柑橘根线虫主要侵害柑橘新根，受侵染的柑橘树地上部分在发病初期无明显症状，随着根系受害程度逐渐加重，植株表现为树势衰退，枝叶出现褪绿、黄化、缺乏光泽；病树开花特别多，但坐果率低，果小，产量降低，严重时叶肉出现褪绿呈缺素状，并出现枯枝。地下部分的根系有大量根结产生，受害根变得粗短，呈鸡爪状，部分根系坏死，表皮与木质部分离。肿大部位或瘤处再生的新根，条数多而短小纤弱，交错扭曲成"根饼"，影响养分和水分的吸收和运转。

2. 发病特点　根线虫多分布在土壤10～30厘米深的土层中，耐低温，主要通过苗木、砧木和带虫的土壤进行远距离传播。以卵和雌虫随病根在橘园土壤里越冬。翌年当气温回升达到15～28℃后，卵孵化为2龄幼虫，以2龄幼虫侵入柑橘根系进行危害，经15～20天，即可在新根或嫩根末端出现肿大，进而变成瘤状体。温度在15℃以下和35℃以上时活动减弱危害减轻。土壤pH值6～8的沙土和沙壤土果园发生快而严重。

3. 防治方法　根据柑橘根线虫的生活特性，结合柑橘的生长特性及柑橘生产栽培管理特点，综合防治柑橘根线虫病的有效方法主要有以下几个方面。

（1）**加强检疫**　加强新植苗木的检验检疫，确保使用无病苗木或抗线虫病砧木；怀疑带有致病线虫时，可将苗木根部用48℃热水浸泡15～25分钟进行热消毒。

（2）农业防治　①新建橘园尽量选择前茬作物为禾本科作物（如水稻田）或未开垦种植过柑橘的田块。②加强栽培管理，增施有机肥。③注意田间操作，防止生产工具传病。

（3）生物防治　我国常用的有效生物杀线虫药物主要有厚孢轮枝菌（商品名为线虫必克）和淡紫拟青霉（商品名为线虫清、大豆根保剂、线危、线天迪等各种含本菌种的生态有机肥），可在果苗定植时以5～8克/株将药物与细土拌匀后撒于根部。对于2年生以上果树，将药物与细土拌匀后均匀撒施整个扒开的根部土面（按5～8克/米²施用），同时撒施适量生物有机肥或腐熟有机肥，然后覆土盖实。

（4）化学防治　①苗木定植时用药泥浆蘸根，或将药施于定植苗根际土壤。②2年生以上果树，可采用药剂灌根、穴施、沟施等方式。有效药剂为10%噻唑膦颗粒剂和0.5%阿维菌素颗粒剂，按树冠面积每平方米施25～40克药剂，拌沙后沟施，施药后立即用水浇树，促使药剂溶解和吸收，发挥其杀虫效果。

二、主要生理性病害

（一）裂 果 病

柑橘裂果病是果实收获前由于土壤水分不均衡导致的一种生理性病害。

1. 发病症状　裂果症状首先从果实近顶部开裂，随后果皮纵裂开口，瓤瓣亦相应破裂，露出汁胞，有的横裂或不规则开裂，裂果最后脱落或受真菌侵染变色霉烂。

2. 发病特点　裂果主要是由于土壤缺少水分和水分供应不均衡、久旱骤雨引起的。干旱时果皮软而收缩，雨后树体大量吸收水分，果肉增长快，而果皮的生长尚未完全恢复，增长速度比果肉慢，致使果皮受果肉细胞迅速增大的压力影响而裂开。裂果一般出现在9～10月份，11月份时有发生。早熟薄皮品种及果顶部果皮较薄的品种容易出现裂果。

3. 防治方法　①结合当地气候条件，选择裂果少或不裂果的品种种植。②加强栽培管理，果园进行深耕改土，实行氮磷钾合理搭配的配方施肥和结合适量微肥增施有机肥。③树冠下地面自然生草或种植绿肥，减少土壤水分蒸发；壮果期均衡供应水分和养分，是防止裂果的重要措施。

（二）果实日灼病

柑橘日灼病是柑橘果实在长大或开始成熟过程中，因果皮连续在高温下遭受烈日暴晒而产生的一种生理性病害。

1. 发病症状　多在近成熟期发病，果实灼伤部位果皮坚硬粗糙，呈黄色或棕黄色，严重者果皮呈焦灼状；里面囊瓣枯缩、果汁少、果味差、品质劣。

2. 发病特点　夏季在高温烈日下喷施石硫合剂会加剧该病发生。高温干旱的天气或土壤水分不足亦可使病害加剧。山地或丘陵地果园，或树势衰弱的果园，或修剪不合理的果园较多受害。不同品种之间日灼病发生程度有差异，温州蜜柑发病最重，蕉柑、椪柑和福橘次之，雪柑、甜橙和柚较轻。

3. 防治方法　①深翻改土，增施有机肥，实行配方施肥，增强根系活力；夏秋高温期定期喷水或浇水，并做好树盘覆盖，合理修剪，适当多留枝叶为果实遮阴。②及时检查，于受害果面贴白纸或涂上涂白剂（生石灰∶水∶猪油＝1∶4∶0.2）1～2次，或果实套袋保护；8～9月份用21%微晶蜡可分散液剂300～500倍液喷洒果实保护，隔15～20天喷洒1次，共喷洒2～3次。

（三）缺 锌 症

柑橘缺锌又名小叶病，发病后严重影响叶片伸展和枝叶生长。

1. 发病症状　主要表现为新梢叶片随着叶片老熟，叶脉间出现黄色斑点，逐渐形成肋骨状的鲜明黄色斑块。缺锌严重时，长出的顶枝节间缩短，叶片直立窄小、丛生，后期小枝干枯死亡。结出的果实僵硬、果汁少、品质差。

2. 发病特点　土地盐碱、土壤瘠薄含锌量低、主要矿物质营养元素不均衡等因素均会导致柑橘缺锌症。每年果实采收时会带走树体内大量的锌，若不及时补充也会引起缺锌。

3. 防治方法　①土壤施锌。多施有机肥或种植绿肥，改良土壤，有利于柑橘树吸收土壤的锌。结合早春施肥添加适量硫酸锌，每株施入硫酸锌与肥料比以 0.3%～0.5% 为宜，或施 0.5 千克的硼锌复合肥。②叶面喷锌。早春柑橘萌芽前，于树冠喷施 0.3% 硫酸锌溶液＋0.3% 尿素溶液的混合溶液，或 1%～2% 硼锌复合肥溶液。每隔 7 天喷施 1 次。

（四）缺 镁 症

柑橘缺镁症是柑橘种植区常见的一种生理性病害。由于近年柑橘园土杂肥施用量少，加之南方红黄壤地区雨水多土壤中镁流失严重，造成果园缺镁症状越来越严重。

1. 发病症状　缺镁症状主要表现为结果母枝和结果枝中位叶的主脉两侧出现肋骨状黄色区域，叶肉黄化、叶脉绿色；老叶沿主、侧脉两侧渐次黄化，扩大到全叶为黄色，仅主脉及其部分组织仍保持绿色。发生严重时，造成树体在冬季大量落叶。

2. 发病特点　橘园土壤属丘陵红壤或轻沙、pH 值＜5、酸性较强、大量施用钾素、土壤中氧化镁含量少于 1 毫克当量时，均可出现缺镁症状。土壤中钾及钙的有效浓度很高时，也会抑制植株对镁的吸收能力，导致缺锌。

3. 防治方法　①改良土壤。在柑橘园增施有机肥料的基础上适量施用镁盐，调整土壤酸碱度，可以有效地防治缺镁病。在pH 值＜6 的酸性土壤中，为了中和土壤酸度应施用石灰镁，每株果树施 0.75～1 千克。在微酸性至碱性土壤，应施用硫酸镁，最好采取配方均衡施肥。②叶面喷施。在 6～7 月份，树上均匀喷施 2%～3% 硫酸镁液 2～3 次。

三、主要虫害

（一）红 蜘 蛛

柑橘红蜘蛛又名柑橘全爪螨，是危害云香科果树的主要害螨之一。在我国广泛分布，除危害柑橘、橙子、柚子外，还可危害黄皮、无花果、蒲桃、椰子、番木瓜、杨桃等果树。以成螨、幼螨、若螨群集叶片、嫩梢、果皮上吸食汁液，被害叶面密生灰白色针头大小点，甚者全叶灰白，失去光泽，严重时导致叶枯、脱落，幼果脱落，影响柑橘树势和产量。

1. 发生规律　柑橘红蜘蛛以卵或成螨在柑橘叶背面或枝条芽缝中越冬，每年 3 月份开始活动迁移至春梢上危害。1 年发生十几代，年平均温度在 20℃左右时，1 年可发生 20 代。影响红蜘蛛发生的主要因素有温度、湿度、食料、天敌和人为因素等。一般气温在 12～26℃时有利于红蜘蛛的发生，20℃左右时最适，1 年有两个发生高峰期，一般出现在 4～6 月份和 9～11 月份。最适于红蜘蛛发生的空气相对湿度在 70% 左右，多雨不利于其发生。食料则以柑橘的幼嫩组织为主。气温高于 35℃或低于 12℃时数量急剧减少。

2. 防治方法

（1）生物防治　①柑橘红蜘蛛天敌主要有食螨瓢虫、蓟马、草蛉、寄生菌等 10 多种，在果园内种植矮秆浅根系杂草，如百花草、紫苏等良性杂草，以利于柑橘红蜘蛛天敌栖居。② 3～5月份和9～10月份，在平均每叶有螨2头以下的柑橘树上，每株释放钝绥螨等捕食螨200～400头。天敌释放后，严禁喷洒杀螨剂，以免伤害捕食螨。

（2）**化学防治** 在冬卵孵化盛期和夏秋螨口上升时的两个防治关键时期，及时喷药防治。①冬卵孵化期主要喷洒螺螨酯、丁氟螨酯、噻螨酮、四螨嗪、乙螨唑、机油乳剂等对幼若螨高效的杀螨剂。②夏、秋季成螨发生期，主要喷洒哒螨灵、阿维菌素、三唑锡、联苯酯等速效性好的杀螨剂。每种药剂的使用浓度按照说明书推荐剂量，一种杀螨剂1年使用1～2次，不同药剂交替使用，避免柑橘红蜘蛛产生抗药性。

（二）锈壁虱

柑橘锈壁虱又叫锈螨、锈蜘蛛。主要危害叶片、果实，危害早期果皮好似被一层黄色粉状微尘覆盖，不易察觉；后期果皮细胞破裂流出芳香油脂，被空气氧化后变成黑褐色，称之为黑皮果、牛皮柑、黑炭丸、火柑子等。叶片被害后，似缺水状向上微卷，叶背呈烟熏状黄色或锈褐色，易提前脱落，影响树势和产量。

1. 发生规律 锈壁虱的越冬虫态和越冬场所因各地冬季气温高低而异。在四川、重庆、浙江，以成螨在柑橘的腋芽内、潜叶蛾和卷叶蛾危害的僵叶或卷叶内、柠檬秋花果的萼片下越冬；在福建，以各种螨态在叶片和各种绿色枝梢上越冬；在广西、广东，以各种螨态在秋梢叶片上越冬。1年发生多代，常借风、昆虫、苗木和农具传播。高温干旱有利于其发生与繁衍，一般6月份种群数量迅速上升，7～8月份出现危害高峰。

2. 防治方法

（1）**农业防治** 在高温干旱季节，可树下生草或适当浇水，以增加果园湿度，减少锈壁虱的发生。

（2）**生物防治** 树下种植绿肥或藿香蓟，以提高果园湿度，增加食螨瘿蚊、塔六点蓟马等天敌数量。

（3）**化学防治**　春季清园可在柑橘萌芽前进行，药剂可选用0.5～0.8波美度石硫合剂或松碱合剂8～10倍液。发生程度较轻时，不需专门防治，可在防治红蜘蛛时一齐喷药防治。如果点片发生严重，则采取挑治方法，对其单独喷洒药剂，选用速效性杀螨剂均匀喷洒叶片和果实。

（三）蚜　虫

柑橘蚜虫是柑橘的一种主要害虫，在国内柑橘产区广泛发生。以成、若蚜群集在新梢嫩叶、花蕾、幼果上刺吸取食，被害叶片皱缩卷曲、硬化，不能正常展开；严重发生时嫩梢枯萎，幼果脱落，秋梢受害后影响翌年开花结果。蚜虫的分泌物能诱发煤污病和招引蚂蚁上树，妨碍天敌的活动。蚜虫还传播柑橘衰退病，造成间接危害。

1. 发生规律　1年发生20代左右，长江以南以卵和无翅成、若虫越冬。3月中旬至4月上旬芦柑春梢抽发、花蕾抽生时开始取食危害。橘蚜繁殖的最适宜温度为24～27℃，所以晚春和早秋繁殖最盛，即春梢抽发期为第一次发生高峰，8～9月份秋梢抽生期为第二次发生高峰。夏季高温多雨时寄生菌寄生于橘蚜，田间自然死亡率高，生殖力低，所以夏季发生数量较少。

2. 防治方法

（1）**农业防治**　冬季结合修剪，剪除卵枝或被害枝，以消灭越冬虫源。生长季节进行抹芽或摘心，除去被害枝梢和抽发不整齐的新梢，以减少蚜虫食料和降低虫口基数。

（2）**生物防治**　柑橘蚜虫的天敌主要有瓢虫、食蚜蝇、草蛉、蜘蛛、寄生蜂、寄生菌等，注意保护利用。

（3）**化学防治**　在蚜虫发生危害期，树上喷洒5%啶虫脒可湿性粉剂2 000～3 000倍液，或2.5%溴氰菊酯乳油2 000倍液，或10%烯啶虫胺可溶性液剂4 000～5 000倍液。

（四）介 壳 虫

柑橘介壳虫是柑橘生产的主要害虫之一，种类多、繁殖快，遍布于全国各地柑橘产区。尤以吹绵蚧、红蜡蚧、糠片蚧、黑点蚧、褐圆蚧、矢尖蚧、堆蜡粉蚧、龟蜡蚧、红帽蜡蚧危害最严重，可危害柑橘、香橼、柚、龙眼、柠檬等。所有介壳虫均以虫和雌成虫群集在叶片、果实和枝条上吸食汁液，能分泌蜡质物覆盖虫体，形成各种介壳。受害枝梢生长衰弱，甚至枯萎或全株枯死，分泌物可诱发煤污病，影响开花结果，降低果实品质和产量。

1. 发生规律

（1）吹绵蚧　华东与中南地区1年发生2～3代，四川3～4代，以若虫和雌成虫或南方少数带卵囊的雌虫越冬。

（2）红蜡蚧　1年发生1代，以受精雌成虫越冬。一般于5月中旬开始产卵，5月下旬至6月上旬为产卵盛期，卵期1～2天后孵化。1龄若虫期有20～25天，其发生盛期一般在5月下旬至6月中旬前后，是喷药防治的关键时期。8月中下旬前后变为成虫。

（3）糠片蚧　该蚧第一代主要危害枝叶，第二代开始向果实上迁移危害。以后即在果实上继续繁殖，使果实表面介壳密布。所以应在上果之前重点防治。

（4）矢尖蚧　在华南地区1年发生3～4代，主要以雌成虫越冬。翌年4月间，越冬雌成虫开始产卵，第1～3代若虫高峰期分别出现在5月上旬、7月中旬和9月下旬，也是树上喷药防治的3个关键时期。

（5）黑点蚧　1年发生3～4代，以卵在雌介壳下越冬，4月下旬卵孵化，初孵幼蚧开始向当年生春梢迁移固定危害。5月下旬开始，有少数幼蚧向果实迁移危害。6～8月份在叶片和果实上大量发生危害。

所有介壳虫一旦固定取食便不再移动，随着虫龄增大，介壳增厚，药物一般很难直接接触到虫体。最好在初孵幼虫期喷药防治。

2. 防治方法

（1）**农业防治**　结合冬、夏季修剪，剪去虫枝、干枯枝。同时，加强肥水管理，促进抽发新梢，更新树冠，恢复树势。

（2）**生物防治**　介壳虫的自然天敌有很多，主要有各种瓢虫、寄生蜂等，注意保护利用和引放天敌。

（3）**化学防治**　在介壳虫初孵幼虫期，树上均匀喷洒25%喹硫磷乳油1 000～1 500倍液，或5%吡虫啉乳油2 000倍液，或3%啶虫脒乳油1 000～1 500倍液，或24%氟啶虫胺腈悬浮剂4 000～5 000倍液，或25%噻嗪酮可湿性粉剂1 000～1 500倍液，每15天左右喷药1次，连续2～3次。各药剂如混加95%机油乳剂300倍液，防治效果更佳。兼治蚜虫、粉虱等。

（五）粉　虱

粉虱是柑橘的三大害虫之一，在我国柑橘上常发生危害的主要是黑刺粉虱和柑橘粉虱（又名橘黄粉虱、橘绿粉虱、通草粉虱）。二者均以若虫聚集叶片背面固定吸汁危害，并能分泌蜜露诱发煤污病，严重影响植株的光合作用和呼吸作用，削弱树势，影响抽梢、开花结果。

1. 发生规律

（1）**黑刺粉虱**　在四川1年发生4～5代，以2～3龄若虫在叶片背面越冬。翌年3月上旬至4月上旬化蛹，3月中下旬开始羽化为成虫。成虫喜阴暗环境，多在树冠内新梢上活动，并产卵于叶背，每叶上有多粒卵。温度30℃以下和相对湿度90%以上时有利于成虫羽化和卵孵化，反之则不利于发生。

（2）**柑橘粉虱**　在长江流域1年发生3～4代，华南可发生5～6代，以若虫及蛹在叶背面越冬。翌年3～4月份出现第一代成虫，成虫产卵于叶片背面，尤以树冠下部和荫蔽处的嫩叶背面产卵多，在徒长枝和潜叶蛾危害的嫩叶上更多。枝叶郁闭阴湿，有利于其繁殖和发生危害。

2. 防治方法

（1）**农业防治** ①抓好清园修剪，改善柑橘园通风透光性，创造有利于树体生长而不利于粉虱发生的环境。②合理施肥，勤施薄施，避免偏施过施氮肥导致植株茂密徒长而便于两种粉虱发生。

（2）**生物防治** 两种粉虱均有多种寄生蜂、寄生菌、瓢虫和草蛉等，应加以保护利用。当田间天敌数量较大时，不需喷洒化学农药，可充分利用自然天敌控制。

（3）**化学防治** 于若虫盛发期，树上均匀喷洒20%噻嗪酮可湿性粉剂2 500～3 000倍液，或5%啶虫脒微乳剂1 100倍液，或95%机油乳剂200倍液进行防治。可兼治蚜虫、介壳虫等害虫。

（六）木　虱

柑橘木虱是柑橘类新梢期主要害虫，也是柑橘黄龙病的重要传播媒介。主要危害芸香科植物，以柑橘属受害最重，黄皮、九里香和枸橼次之。成虫多在柑橘嫩梢产卵，孵化出若虫后吸取嫩梢汁液，直至成虫羽化。受害的寄主嫩梢可出现凋萎、新梢畸变等。木虱分泌的白色蜜露黏附于枝叶上，诱发煤污病的发生。

1. 发生规律 1年可发生11～14代，田间世代重叠严重。成虫产卵在露芽后的芽叶缝隙处，没有嫩芽不产卵。初孵的若虫刺吸嫩芽汁液，并在其上发育成长至5龄。在8℃以下时，成虫静止不动，14℃时可飞能跳，18℃时开始产卵繁殖。木虱多分布于嫩梢部位，一年中秋梢受害最重，其次是夏梢，尤其是5月份的早夏梢，被害后会暴发黄龙病。

2. 防治方法

（1）**农业防治** ①加强肥水管理，使柑树长势壮旺，每次新梢发梢整齐，利于统一时间喷药防治木虱。②结合冬季清园，捕杀一些越冬虫体，减少虫源。

（2）**化学防治**　冬季清园后喷洒 1 遍杀虫剂，柑橘每次露芽期进行喷药。药剂选用 15% 唑虫酰胺悬浮剂 3 000～4 000 倍液，或 2.5% 高效氯氟氰菊酯乳油 1 000～1 500 倍液，或 25% 噻虫嗪水分散粒剂 5 000 倍液，或 10% 吡虫啉可湿性粉剂 4 000～5 000 倍液。

（七）潜 叶 蛾

柑橘潜叶蛾俗名鬼画符、绘图虫，在国内外柑橘产区广泛分布。可危害柑橘、金橘、柠檬、二月兰、枸橘、四季橘、冰糖橙等植物。以幼虫潜入嫩叶、新梢表皮下蛀食，形成银白色弯曲蛀道，并在中间留下粪线。幼虫危害的伤口，有可能诱发溃疡病等其他病菌侵染性病害。其被害卷叶又为红蜘蛛、卷叶蛾等多种害虫提供了聚居和越冬场所，增加了越冬害虫的防治难度。

1. 发生规律　柑橘潜叶蛾 1 年发生 9～15 代，世代重叠严重。以幼虫和蛹在柑橘的晚秋梢、冬梢或秋梢上越冬。每年 4 月下旬至 5 月上旬，幼虫开始危害，7～9 月份是发生盛期，10 月份以后发生减少。完成 1 代需 20 天左右。成虫白天栖息在叶背及杂草中，夜间活动，趋光性强。成虫产卵在嫩叶背面中脉附近，每叶可产数粒。幼虫孵化后，即由卵底面潜入叶表皮下，在内取食叶肉，边食边前进，逐渐形成弯曲虫道。成熟时，大多蛀至叶缘处，虫体在其中吐丝结薄茧化蛹，常造成叶片边缘卷起。苗木和幼龄树，由于抽梢多且不整齐，适合成虫产卵和幼虫危害，常比成年树受害严重。

2. 防治方法

（1）**农业防治**　①冬季修剪，剪除被害枝梢，扫除落叶烧毁，减少越冬虫口基数。②及时抹除零星抽发的夏、秋梢嫩芽；通过良好的肥水培育管理，控制更多的嫩芽同时抽发，使夏、秋

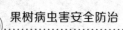

梢抽发整齐健壮，缩短新梢嫩叶时期，错开柑橘潜叶蛾产卵盛期和夏、秋梢大量抽发的时期。

（2）**生物防治** 柑橘潜叶蛾的天敌主要有亚非草蛉、白星姬小蜂和捕食性蚂蚁等，寄生蜂对幼虫和蛹的寄生率高，应加以保护和利用。

（3）**物理防治** 在柑橘潜叶蛾成虫发生期，田间悬挂柑橘潜叶蛾性诱剂诱捕器诱杀雄性成虫，悬挂离地高度1.5米左右，每亩3个，均匀分布。

（4）**药剂防治** 一般应在夏、秋梢大量萌发和芽长0.5～2厘米时，或新芽抽出50%以及嫩叶受害率达5%左右时喷施药剂，每隔7～10天喷1次，连续喷2～3次，直至新梢停止抽发为止。药剂可选择1.8%阿维菌素乳油2 000～3 000倍液，或10%高效氯氰菊酯水乳剂3 000～4 000倍液，或1%甲氨基阿维菌素苯甲酸盐水粉散粒剂3 000～4 000倍液，或2.5%高效氯氟氰菊酯乳油2 000倍液，或6.3%阿维·高氯可湿性粉剂4 000～4 500倍液。

（八）卷 叶 蛾

危害柑橘的卷叶蛾有多种，但在我国发生危害较重的有2种，即柑橘褐带卷蛾（别名拟小黄卷叶蛾）、柑橘长卷蛾（别名褐带长卷叶蛾）。它们还危害荔枝、龙眼、其他橘类果树、杨桃、茶、桑等植物，均以幼虫吐丝把叶片卷成虫苞，躲藏在里面取食和吐丝做茧化蛹，影响新梢生长和叶片光合功能。幼虫蛀食果实引起大量落果。危害花器时将花器结缀成团，且匿居其中取食危害，导致花器残缺枯死脱落。近年因果树种植的品种和面积不断扩大，中间寄主增多，有利于其辗转危害，种群数量明显上升。

1. 发生规律

（1）**拟小黄卷叶蛾** 在我国南方1年发生8～9代，世代重叠现象严重。冬季不休眠，周年危害叶片。一般在4～6月份幼虫蛀害幼果，引起大量落果。6月份以后，多数幼虫危害嫩叶，9月份果实将近成熟时，又转移蛀果，引致第二次落果。幼虫受惊后吐丝，有吐丝下坠习性。老熟幼虫在卷叶中化蛹，羽化出的成虫夜间活动，产卵于叶片上。成虫有趋光性。

（2）**柑橘褐带长卷蛾**　浙江省1年发生4代，福建、广东1年6代。生活习性似拟小黄卷叶蛾。

2. 防治方法

（1）**农业防治**　①冬季清园，剪除虫苞集中处理，以消灭虫源。②在新梢期、花穗抽发期和幼果期，巡视果园或结合疏花疏果疏梢，发现有卷叶虫苞、花穗、幼果受害时，及时捕杀幼虫。

（2）**物理防治**　①在果园内每1～2公顷安装1盏频振式杀虫灯或电子灭蛾灯进行诱杀，也可测报成虫发生高峰期。②幼果期实施果实套袋，阻止幼虫蛀果危害。

（3）**生物防治**　①在产卵期，田间释放赤眼蜂2～3次，使其寄生卷叶蛾虫卵。②初孵幼虫期，树上均匀喷洒白僵菌或苏云金杆菌菌剂。

（4）**化学防治**　在害虫发生数量较多的发生初期，对虫口密度较大的果园，在新梢、花穗抽发期和在谢花至幼果期做好虫情调查，掌握幼虫初孵至盛孵时期，及时喷药1～2次。在花蕾期用药，一般选用较低毒的生物制剂如苏云金杆菌生物制剂（Bt）800倍液。在开花前、新梢期和幼果期，可选用90%敌百虫晶体800～1000倍液，或10%氯氰菊酯乳油2000～2500倍液，或1.8%阿维菌素乳油2000～3000倍液，或5%定虫隆乳油1000～2000倍液，或25%灭幼脲乳油1000～2000倍液，或其他菊酯类杀虫剂混配生物杀虫剂进行喷施。注意交替用药，避免害虫产生抗药性。

第十三章
香蕉主要病虫害防治

一、主要病害

（一）枯 萎 病

香蕉枯萎病又叫香蕉黄叶病或称巴拿马病，是一种侵染香蕉植株维管束的真菌引起的土传毁灭性病害，在我国南方数省香蕉产区都有发生。该病发生危害后一般减产 20% 以上，严重的田块绝收。

1. 发病症状　成株期发病时，病株先在下部叶片及靠外的叶鞘呈现特异的黄色，初期在叶片边缘发生，然后逐渐向中肋扩展，与叶片的深绿部分对比显著。也有的整片叶子发黄，感病叶片迅速凋萎，由黄变褐而干枯，其最后一片顶叶往往延迟抽出或不能抽出，最后病株枯死。个别病株虽然不随即枯死，但果实发育不良，品质差。母株发病，在地上部（即假茎）枯死后，其地下部（即球茎）不立即枯死，仍能长出新芽并继续生长，直到生长中后期才表现症状。因属于维管束病害，内部症状很明显，即在中柱髓部及周围有黄红色病变的维管束，呈斑点状或线条状，越近茎基部病变颜色越深，根部木质导管变为红棕色，并逐渐变成黑褐色而干枯。球茎变成黑褐色并逐渐腐烂，有特殊臭味。

2. 发病特点　香蕉枯萎病属土传性的病害，病原菌在土壤中可存活长达数年，带病蕉苗和病土是初侵染源。香蕉枯萎病通过带菌的香蕉种苗、土壤和农机具等调运和搬移进行远距离传播；通过带菌的水、分生孢子进行近距离扩散。病原菌由根部侵入香蕉后，经维管束组织向块茎发展扩散，自下向上、由里及外开始发病和表现症状。高温多雨、土壤酸性、沙壤土、肥力低、土质黏重、排水不良、下层土渗透性差和耕作伤根等因素，有利于此病害发生。感病的春植蕉一般在6～7月份开始发病，8～9月份加重，10～11月份进入发病高峰。

3. 防治方法

（1）**严格检疫**　严格限制蕉苗和马尼拉麻苗及其所附带的土壤由病区输入无病区域。对发病区域实施封锁，防止病害向外扩散。

（2）**农业防治**　①选栽无病种苗和抗病品种。②加强栽培管理，增施肥料，开沟排水，增强植株抗病力。③蕉园发现零星病株，要立即连根拔起并把病株斩碎，装入塑料袋内，加入石灰并密封袋口，移出且远离蕉园让其腐烂。④病株位置的土壤需要立即用石灰消毒处理。⑤平地重病蕉园有条件的可淹水休闲半年或与水稻轮作。

（3）**化学防治**　①对轻病株使用广谱杀菌剂对水30升淋灌根茎部，间隔3～5天，连灌2～3次，促进根系生长，强壮植株，提供抗病能力。②发病初期，喷洒41%聚砹·嘧霉胺水剂800～1000倍液，喷雾时应尽量把药液喷到基部叶背。③发病中后期，喷洒41%聚砹·嘧霉胺水剂800倍液，每隔3～7天用药1次，或用38%噁霜·嘧酯水剂600倍药液喷到基部叶背。

（二）叶　斑　病

香蕉叶斑病是危害香蕉的一种重要叶部病害，由真菌侵染引起发病。叶斑病包含多种，华南地区常见的有褐缘灰斑病（黄条叶斑病）、灰纹病和煤纹病，其中褐缘灰斑病最为严重。在病害流行年份，叶片受害面积为 20%～40%，严重时达 80% 以上，病株产量减少，果实品质下降。

1. 发病症状 香蕉叶斑病在香蕉的各个生长期均有发生，主要在中、下部叶片发病。发病初期的叶片在近缘处出现水渍状、暗绿色或黄褐色病斑，后期病斑沿叶缘向中肋方向扩展为波浪形坏死带，病健交界处界限明显，枯死病斑呈灰白色或浅褐色。

2. 发病特点 叶斑病的初侵染菌源来自田间病叶。春季，越冬病菌产生大量子囊孢子，随风雨传播每年 4 月份至 5 月初田间开始发病，6～7 月份高温多雨季节达发病盛期，9 月份以后病情加重，枯死的叶片骤增。所以，在高温、高湿的天气条件下易发生流行，尤其是台风暴雨后，叶片上伤口多，更容易被病菌侵染发病。另外，过密种植、不除吸芽、土壤排水不良、杂草丛生、管理粗放、偏施氮肥等也有利于叶斑病发生危害。

3. 防治方法

（1）**农业防治** 定期清除病叶组织，合理控制种植密度，及时除草和排水，挖除过多吸芽，改善田间通风透光，降低果园湿度，不利于病害发生。

（2）**化学防治** 抽薹开花期，自苞片张开后即开始喷药保护幼果。叶片发病前和初期，应对病叶和新叶进行全面喷药，有效防治药剂为 25% 苯醚甲环唑乳油 2 000 倍液，或 25% 丙环唑水乳剂 600～1 000 倍液，或 25% 腈菌唑可湿性粉剂 1 500 倍液，或 25% 戊唑醇可湿性粉剂 1 000 倍液，或 50% 多菌灵可湿性粉剂＋80% 代森锰锌可湿性粉剂（2∶1）800 倍液，或 50% 腐霉利可湿性粉剂 1 500 倍液。每月喷洒 1 次，病害严重时增加喷药次数，即每月 2～3 次。

注意：每年 5～10 月份的台风雨季是防治香蕉叶斑病的关键时期，应在雨季将至和雨天间隙之时选用高效、持效期较长的杀菌剂进行喷洒防治，不同类型的药剂交替使用，避免产生抗药性。

（三）黑星病

香蕉黑星病又称黑斑病，属真菌性病害。主要于香蕉生长后期发生，影响香蕉产量和品质。

1. 发病症状　主要危害叶片和青果。叶片发病初期叶面出现许多深褐色至黑色的小斑点，密集成堆，似煤烟状，从中脉至叶片边缘表现为条纹；随后斑点扩大，外缘有浅黄色晕圈，中央浅黄褐色或灰色。严重受害的叶片变黄，提前凋萎和枯死。青果发病多在果背弯曲处和果指上部表皮上产生许多散生的或密集的黑褐色小粒、短条纹及圆形或椭圆形病斑。病斑边缘褐色，外围有浅黄褐色晕圈。随着果实成熟病害加重，果皮大面积变黑，病果呈不均匀的软熟，病部组织霉烂下陷。

2. 发病特点　病菌以菌丝体和分孢器在病部和病残体上存活越冬，香蕉园病残叶多菌源就丰富。分生孢子靠雨水飞溅传播到叶片上，叶片的病菌随雨水流溅向果穗。病菌通过伤口或直接侵入致病，病菌在田间有多次再侵染。该病发生程度和症状表现与雨水严重相关，叶片上斑点可因雨水流动路径而呈条状分布，果穗发生位置和程度也因病叶的雨水溅射和积聚量多少而异，故多雨季节发病严重。香蕉抽蕾前后若遇阴雨、浓雾天气，尤其是台风暴雨后，叶片和青果伤口多，非常容易严重发病。香蕉密植、树下杂草丛生、园内排水不良、管理粗放、偏施氮肥、虫害防治不及时均有利于该病害的发生。

3. 防治方法

（1）农业防治　①加强香蕉园管理，合理施肥，及时排灌水，增强树势。②及时清除园内杂草、病残体，集中处理。

（2）物理防治　果实套袋保护，在抽蕾后挂果期用塑料药膜袋套住果穗（袋口向下），阻止病菌侵染果实。香蕉套袋前，用30%苯甲·丙环唑乳油1 500倍液＋2.5%氯氟氰菊酯乳油3 000

倍液＋5%亚唑胺可湿性粉剂800倍液喷洒1次，待药液干后，立即给蕉穗套袋。套袋结束后1周再喷洒1次上述药剂。

（3）**化学防治**　①在叶片发病前期，喷施下列药剂进行预防：75%百菌清可湿性粉剂800～1000倍液，或50%多菌灵可湿性粉剂800～1000倍液，或50%甲硫·硫黄悬浮剂500～600倍液，或36%甲基硫菌灵悬浮剂1000～1500倍液，或75%肟菌酯·戊唑醇水分散粒剂2000～2500倍液。②在叶片发病初期或在抽蕾后蕉叶未展开前，选用喷洒下列药剂：40%戊唑醇·咪鲜胺水乳剂1000～1500倍液，或25%腈菌唑乳油2500～3000倍液，或25%丙环唑·咪鲜胺乳油1000～1500倍液，或25%吡唑醚菌酯乳油1200～2000倍液，或25%苯醚甲环唑乳油2000～3000倍液，或30%苯醚甲环唑·丙环唑乳油1500～2000倍液，或40%氟硅唑乳油4000～5000倍液，或25%多菌灵可湿性粉剂800倍液，或70%甲基硫菌灵可湿性粉剂800～1000倍液。均匀喷洒叶片和果实，每隔10～15天喷洒1次，药剂之间轮换使用。

（四）炭　疽　病

香蕉炭疽病又称黑腐病、熟果腐烂病，属真菌性病害。广泛分布于世界各香蕉产区，可侵染危害蕉类各个品种。主要危害果实，在蕉园的花果期就开始发生，一直持续到贮运期间，并且在贮藏运输期间发生危害最重，常造成很大的经济损失。

1. 发病症状　香蕉炭疽病主要危害果实，也可危害蕉花、蕉端、蕉身、蕉头及主轴。未成熟的果实发病后病斑明显凹陷，外缘呈水渍状，中部常纵裂，露出果肉；果柄和果轴上的病斑呈不规则形，严重时变黑干缩或腐烂，表面着生许多红色小点。成熟果实发病后，其果柄和表皮上出现褐色圆形小斑点，然后逐渐扩展并相互融合成不规则形的大斑点，2～3天内整个果实变黑腐烂，病斑上生出许多粉红色黏状物。

2. 发病特点　香蕉炭疽病的初侵染菌源为带病的香蕉树。蕉树病斑上产生的分生孢子通过风雨、昆虫传播到青果上，在有水滴的情况下萌发侵入果皮。最初病菌在果皮内的生长发育很慢，一直到果实近成熟期（特别是成熟后）才迅速发育生长，在果上产生病斑。新病斑上又产生分生孢子，进行再侵染。所以，该病在香蕉采收后发展更迅速、危害更重。

蕉类各个种间对炭疽病的抗性有差异，其中香蕉最易感病，大蕉次之，龙芽蕉受害较轻。同一蕉类品种果皮薄的较果皮厚的品种容易感病，含糖量较高的品种较含糖量低的品种容易感病。

3. 防治方法

（1）农业防治　①栽植高产、优质的抗病品种。②搞好蕉园卫生，及时清除和烧毁病花、病轴和病果。③加强田间肥水管理，多施有机肥，增强植株生势，提高抗病力。④适时采果，当果实达七八成熟时采果最好，过熟采收易感病。⑤采果以晴天进行为宜，切忌雨天采果。⑥在采果、包装、贮运过程中要尽量减少或避免果皮机械损伤。

（2）物理防治　①在结果始期进行套袋，可减少病菌侵染，套袋方法同香蕉黑星病。②利用冷库贮藏、冷藏车运输香蕉，可有效抑制炭疽病和冠腐病的发生，冷藏温度一般控制在 13～15℃。

（3）生物防治　为了预防农药残留，果实采收后用 2% 壳聚糖液处理香蕉，可起到防腐保鲜效果。

（4）化学防治　在挂果初期每隔 2～3 周喷 1 次杀菌剂，连喷 2～3 次，在雨季则应隔周喷药 1 次。有效杀菌药剂为：50%多菌灵可湿性粉剂 800 倍液，或 70% 甲基硫菌灵可湿性粉剂 800～1 000 倍液，或石灰半量式波尔多液，或 40% 戊唑醇·咪鲜胺水乳剂 1 000～1 500 倍液，或 25% 腈菌唑乳油 2 500～3 000 倍液，或 25% 丙环唑·咪鲜胺乳油 1 000～1 500 倍液，或 25% 吡唑醚菌酯乳油 1 200～2 000 倍液，或 25% 苯醚甲环唑乳油 2 000～3 000 倍液，或 30% 苯甲·丙环唑乳油 1 500～2 000 倍液，或40%氟硅唑乳油4 000～5 000倍液，或25%丙环唑乳油2 000～2 500倍液。可结合防治黑星病一起喷药，保证叶片和果实均匀着药。

果实采收后，及时进行防腐保鲜处理，即用多菌灵、咪鲜胺、噻菌灵和异菌脲药液浸果处理1分钟。注意使用浓度严格按照说明书推荐剂量，防止农药残留超标。对贮运工具和场所应进行消毒处理，贮运场所可用5%甲醛溶液喷洒；果篓可用硫黄熏蒸24小时，以消除病原。

（五）冠 腐 病

香蕉冠腐病又称轴腐病，俗称白腐病，属真菌性病害。是香蕉的采后主要病害之一，发病程度仅次于炭疽病。主要引起蕉指脱落、轴腐和果腐，严重影响香蕉商品价值。

1. 发病症状　该病主要危害采后的香蕉果实，多在采后贮藏7～10天时开始发病。由于病菌从切口侵入，所以首先在果轴处出现病症。果穗落梳后，蕉梳切口出现白色棉絮状物霉层并开始腐烂，病部继而向果柄发展，呈深褐色，前缘水渍状，暗绿色，蕉指散落。后期果身发病，果皮爆裂，蕉肉僵化，催熟果皮转黄后食之有淀粉味感，丧失原有风味。

2. 发病特点　病原真菌均从伤口侵入。香蕉去轴分梳以后，切口处留下大面积伤口，成为病原菌的入侵点。香蕉运输过程中由于粗放管理，常导致果实伤痕累累，加上夏、秋季节北运车厢内高温高湿，常导致果实大量腐烂。香蕉产地贮藏时，聚乙烯袋密封包装很容易成为高温、高湿及高二氧化碳的小环境，有利于发生冠腐病。雨后采收或采前灌溉的果实也极易发病，成熟度太高采收和外运也容易发病烂果。

3. 防治方法　重点是采收前后和贮藏运输期间进行防治，防治方法基本同香蕉炭疽病。

（六）束 顶 病

香蕉束顶病，俗称虾蕉、葱蕉或蕉公，因发病植株不抽花蕾、近顶部叶片成束而得名。由病毒侵染植株引起，很难防治，故被蕉农称为"不治之症"。

1. 发病症状　香蕉生长早期发病时，病株明显矮缩，叶片硬直并成束长在一起，叶质硬脆易折断，叶缘黄化，主脉和叶柄表现长短不一，伴有断断续续的浓绿色条纹，俗称"青筋"。香蕉孕穗后发病，如叶片已出齐，则不表现"束顶"，但幼嫩叶片主脉仍出现"青筋"，抽出的花蕾直生，不结蕉或结蕉少，果实小而畸形，果肉脆且无香味。病株分蘖多，根头发紫。

2. 发病特点　香蕉束顶病的病毒来源于田间带毒植株，主要通过香蕉交脉蚜刺吸传染，吸毒后交脉蚜的传毒能力可保持 13 天，蕉苗感染病毒后 1～3 个月内就可发病，发病高峰一般在 4～5 月份，其次是 9～10 月份。远距离传播则通过带毒蕉苗。该病害发生轻重与香蕉品种有关，一般高干品种比矮干品种发病轻。

3. 防治方法

（1）农业防治　①栽种抗病品种和无毒苗，对来源不清、检疫手续不健全的蕉苗不宜引种。②及时清除蕉园病株，连根挖除，远离蕉园烧毁。③将植穴及周围土壤翻起洒施石灰，暴晒半个月后再补植新苗。④采取配方施肥，切忌偏施氮肥，增强植株营养和抗病能力。

（2）化学防治　发现蚜虫应立即喷施 4.5% 高效氯氟氰菊酯乳油 2 000 倍液，或 10% 吡虫啉可湿性粉剂 3 000 倍液，或 3% 啶虫脒乳油 800～1 000 倍液。同时，混合喷洒 2% 氨基寡糖素水剂 500 倍液，或 85% 三氮唑核苷可湿性粉剂 600 倍液。

（七）根线虫病

根线虫病是危害香蕉根系的一种重要病害，在香蕉主产区普遍发生危害。主要由根线虫、肾形肾状线虫、根腐线虫和螺旋线虫4种植物病原线虫侵染引起，常导致香蕉植株生长不良，甚至大量死株而导致毁园。

1. 发病症状　4种根线虫均危害香蕉根部，地上植株生长衰弱。初期发病症状一般为黄叶，植株矮小，后期严重者叶片黄化、枯萎，抽蕾困难，结果少、果实小，植株易倒伏等。根线虫危害后受害根短而肥大，须根少，小根上容易形成肿瘤，阻碍营养成分、水分等物质的运输，造成植株生长不良。线虫侵害后容易诱发根系感染根腐病菌，导致根系变黑腐烂，造成死株。疏松透气的沙质土壤发病比较严重。栽培条件好、管理精细的蕉园，植株感染根线虫后发病较轻，蕉树地上部分无明显发病症状。

2. 发病特点　香蕉根线虫远距离传播主要依靠种苗，近距离传播主要是随灌溉水流传播到其他蕉园。根线虫主要活动区域为地表10～15厘米土层内，需要良好的透气性。所以，管理粗放的沙质土壤的蕉园线虫病发生危害比较严重，且在干旱年份发病更重，黏质土透气性差则极少发病。

3. 防治方法

（1）**农业防治**　①选用无病苗进行栽植。②实施轮作与晒土，一般水旱轮作能有效减少土壤中线虫基数。在种植香蕉时，提前1～2个月翻耕土壤，把含线虫病土层翻至表面日晒风干，可大量杀死线虫，减轻虫源。③加强田间管理，及时清除病残根，减少虫源；采取水肥一体化滴灌技术，防止线虫在园内传播。

（2）**生物防治**　厚孢轮枝菌、淡紫拟青霉可寄生线虫，栽植时可用上述菌剂50～100倍悬浮液蘸根。

（3）**化学防治**　①育苗前用20%威百亩水剂或98%棉隆微粒剂处理苗圃土壤，彻底杀灭线虫，培育无病苗。②移植时对于搞不清楚是否有病的种苗，用20%丁硫克百威乳油4 000倍液＋2%阿维菌素乳油3 000倍液＋40%辛硫磷6 000倍液加55℃热水，将蕉苗根浸20分钟，杀灭根系带有的线虫；或将20%丁硫

克百威乳油1 500倍＋2%阿维菌素乳油1 000倍＋40%辛硫磷
2 000倍混合液混入泥浆中，施于洞穴离地表15～20厘米深处。
③种植后发现感病植株，应在营养生长前期用1.8%阿维菌素乳
油300～400倍药液灌根处理1～2次。

二、主要虫害

（一）双带象甲

香蕉双带象甲属鞘翅目，象虫科。主要分布于广西、广东、
海南、福建、台湾、云南等地，可危害香蕉、菠萝、水稻、甘
蔗、茭白、芦苇等作物。以幼虫蛀食香蕉球茎和假茎，蛀道纵横
交错，易流胶，叶片枯卷，刮风易折和诱发茎腐，严重影响生
长，甚至整株枯死。

1. 发生规律 在亚热带地区此虫1年发生5代，世代重叠现
象严重，几个虫态总是共存。3～6月份幼虫发生数量较多，5～
6月份危害最重。成虫怕光并有假死性，白天群栖在叶鞘内侧或
腐烂的叶鞘组织内的孔隙中，夜间出来活动交尾产卵。卵散产在
表层叶鞘组织内的空格中，每格1～2粒，产卵处叶鞘表面有水
渍状的褐色斑点，并有少量流胶。卵期6～15天，幼虫孵化后
先在外层叶鞘取食，渐向植株上部中心钻蛀，造成纵横不定的隧
道。老熟后在外层叶鞘内咬碎纤维，并吐胶质将碎纤维缀成结实
的长椭圆形虫茧，然后于茧内化蛹。

在多个品种混栽的蕉园，香芽蕉、龙牙蕉、大蕉上成虫发生
量较大，香芽蕉、龙牙蕉上幼虫较多，大蕉、粉蕉上成虫、幼虫
均较少。

2. 防治方法

（1）农业防治 ①收果后清理病虫残株，搜杀藏于其中的各
虫态的虫。②结合清园，定期剥除假茎外层带卵的叶鞘，并捕捉

成虫。

（2）**生物防治**　幼虫发生高峰期，用苹果蠹蛾线虫灌注被害茎，每株约 1 万条线虫。

（3）**化学防治**　11 月底和 4 月初是幼虫发生高峰期，在被害茎内注入 50% 辛硫磷乳油 800～1 000 倍液，每株 150～200 毫升，可毒杀幼虫和卵。

（二）球茎象甲

香蕉球茎象甲又称香蕉根颈象甲、香蕉蛀茎象甲，俗名香蕉象鼻虫，属鞘翅目，象甲科，是香蕉的主要害虫之一。主要以幼虫钻蛀近地面至地下的一段茎部，造成植株叶片卷缩变色或干枯，导致结果少，穗梗不能抽出或茎部腐烂，甚至死亡。局部地区蕉株受害率在 10%～20%，个别田块高达 80% 以上。

1. 发生规律　成虫避光，喜群居性，白天多栖息于球茎表面，傍晚至天明前活动。孵化后幼虫即由外向球茎内部蛀食，并在虫道中化蛹不做茧。

2. 防治方法

（1）**农业防治**　①做好蕉苗检疫。②冬季清园，清除虫害叶鞘，投入粪池或沼气池沤肥。

（2）**物理防治**　成虫发生期进行人工捕杀。在苗圃内放置芭蕉诱集甲，然后将其灭杀。

（3）**生物防治**　①利用蠼螋钻入香蕉假茎捕食幼虫。②蕉园内放养家禽啄食幼虫和成虫。③在香蕉残桩上喷洒昆虫病原线虫水悬剂，每亩 1 亿～2 亿条线虫，可有效消灭幼虫。④在蕉身上端叶柄间，或在叶柄基部与假茎连接的凹陷处，放入少量茶籽饼粉。

（4）**化学防治**　成虫发生期，田间喷洒 4.5% 高效氯氰菊酯乳油 2 000 倍液，重点喷球茎处。

（三）香蕉红蜘蛛

香蕉红蜘蛛又名皮氏叶螨、朱砂叶螨，可危害蕉类、豆类、桑、茶、木瓜等多种植物。以成螨、幼若螨群聚叶背刺吸危害，被害部位失绿变成灰褐色至红褐色，严重时叶正面也呈灰黄色，多沿柄脉或肋脉发生，引起叶片早衰枯黄。有时也危害香蕉果皮，受害果面出现锈斑。

1. 发生规律 1年发生约26代，世代重叠严重，无越冬现象，终年可发生危害。该螨喜欢高温干旱，因此在春夏之交和夏秋之交为高发期，应加强药剂防治。

2. 防治方法

（1）**农业防治** 香蕉收获后，集中销毁废弃的蕉茎和蕉叶，清除香蕉园内其他寄主植物和杂草，可减少香蕉红蜘蛛的发生。红蜘蛛天敌较多，在低密度发生时不会造成严重危害。

（2）**生物防治** 天敌种类很多，有拟小食螨瓢虫、越南食螨瓢虫、小花蝽、蓟马和捕食螨等多种天敌，其中食螨瓢虫和捕食螨为果园优势天敌，注意保护利用。也可在红蜘蛛发生初期，田间释放捕食螨或塔六点蓟马。其中，捕食螨每株挂1袋，塔六点蓟马每株10～20头。

（3）**化学防治** 在红蜘蛛发生数量较多时，可选用1.8%阿维菌素乳油2000倍液，或15%哒螨灵乳油2000倍液。在发生数量较少时，可选用5%噻螨酮乳油1500倍液，或24%螺螨酯悬浮剂3000～4000倍液，均匀喷雾叶片背面。如果在药液中加入中性洗衣粉或有机硅等展着剂，防治效果会更好。为了防止出现抗药性，应几种杀螨剂轮换使用。

（四）花蓟马

香蕉花蓟马属于缨翅目，蓟马科，在国内外广泛分布。可危害香蕉、柑橘、榕树等植物花器，近几年发生日趋严重，已成为香蕉的重要害虫。以若虫、成虫主要锉吸香蕉花子房及幼果的汁液，在被害部位产生淡红色伤痕小点，以后渐变成黑色，导致香蕉果皮上长出很多粗糙小黑斑，严重影响果实外观品质，同时由于危害造成伤口，致使蕉果易感染炭疽病和黑星病，成熟果实不耐贮藏，发病腐烂，损失甚大。

1. 发生规律 该虫发生代数多，个体小，躲藏在香蕉花蕾内营隐蔽生活。繁殖力极强，容易暴发危害。香蕉花蓟马在蕉园中以花苞为活动中心，香蕉花蕾一旦抽出，花蓟马就在上面聚集，花苞片尚未展开时，已经侵入花苞片内危害。每当花苞片张开时，花蓟马即转移到未张开的花苞片内，继续危害。

2. 防治方法

（1）**农业防治** 加强肥水管理，促使花蕾苞片迅速张开，缩短受害期，减少危害程度。

（2）**物理防治** 田间悬挂黄色或橙色黏虫板，每亩挂 5～10张，诱杀成虫，兼有测报作用。幼果期果穗套袋。

（3）**化学防治** 花蕾抽出后，应统一用药均匀喷 1 次蕉株的叶片、叶柄、假茎及蕉蕾，减少虫源；花蕾苞片开始张开时，每隔 5～7 天喷药 1 次，直至香蕉断蕾；断蕾后结合喷施杀菌剂添加杀虫剂仔细防治 1 次，喷药后立即将果穗套好袋。防治药剂有 2.5% 高效氟氯氰菊酯乳油 3 000 倍液，或 3% 啶虫脒乳油 1 500倍液，或 45% 吡虫啉微乳剂 3 500 倍液，或 6% 乙基多杀霉素悬浮剂 1 500 倍液，或 24% 螺虫乙酯悬浮剂 4 000 倍液等。注意上述药剂轮用，以提高防效，避免产生抗药性。

第十四章
荔枝、龙眼主要病虫害防治

一、主要病害

（一）荔枝霜疫霉病

荔枝霜疫霉病又称荔枝霜霉病、荔枝疫病，属真菌性病害。在国内荔枝种植区普遍发生，是荔枝的重要病害，常造成烂果、落果、烂穗等。危害果实后，常常在运输销售期间继续发展并引起果实腐烂，严重影响荔枝鲜果的贮运和外销。

1. 发病症状　主要危害近熟果实，也可危害青果、果柄、花穗、结果小枝和叶片。果实受害，多从果蒂处开始发病，先在果皮表面出现不规则褐色病斑，后迅速扩展直至全果，果皮变为暗褐色至黑色，果肉糜烂，具有强烈的酒味或酸味，并有褐色汁液流出。果实发病中后期，病斑表面布满白色霜状霉层。果柄及结果小枝发病时先产生褐色病斑，病健部分界不明显，后湿度大时病部表面长出白色霜状霉层。花穗被害后变成褐色，随后腐烂，病部产生白色霉状物。嫩叶发病出现淡黄绿色至褐色不规则病斑，斑的正、反面生有白色霜霉。老叶发病通常多在中脉处断续变黑，沿中脉出现少量褐斑。

2. 发病特点　病菌以菌丝体和卵孢子在病果、病枝及病叶中越冬，成为翌年病害初侵染来源。翌年春末夏初温、湿度适宜时即产生孢子囊，由风雨传播到果实、果柄、小枝及叶片上，进行萌发侵染，1～3天后即引起发病，病部产生孢子囊，继续传播和再侵染。果实在贮运中，病果和健果混在一起，可以通过相互接触传染。

湿度是影响荔枝霜疫霉病发生流行的最主要因素，在高湿条件下温度为11～30℃病菌均可侵染发病，但是病菌侵入寄主后，即使温度适宜（最适宜为22～25℃）而无持续的高湿度，也不能发病。所以，凡是能提高荔枝园湿度的因素，均有利于该病害的发生与流行。在4～6月份的荔枝开花至果实成熟期，连续阴雨或久雨不晴的梅雨季节、枝叶繁茂、结果多、树冠郁闭、果园地势低洼和土质黏重均可导致发病严重。中早熟品种发病较重，晚熟品种发病较轻，因为晚熟品种结果晚而避开了阴雨高湿季节。

3. 防治方法

（1）**农业防治**　①果实采收后，结合修剪，清除树上枯枝和地面的病果、烂果，集中烧毁，然后用1%硫酸铜溶液喷洒树冠下面的土壤。②加强栽培管理，控制冬梢，增强树势。③短截长花，适当疏花，减少花量和结果。④改良土壤，做好果园排水，防止低洼积水。

（2）**物理防治**　①在果实第二次生理落果期，用荔枝专用无纺布袋或纸袋套果穗，阻止病菌侵染和降低果面湿度，能显著减轻病害发生。②注意套袋前喷药消毒，药液干后立即套袋，最好在喷药当天套上袋。③果实采收后，采用低温（2～5℃）贮运，抑制病害发展。

（3）**化学防治**　在花蕾期、幼果期、果实成熟期都要喷药保护花穗和果实。①春梢（花蕾期）和开花期防治可选用8%精甲霜·锰锌水分散粒剂800倍液，或72%霜脲·锰锌可湿性粉剂800倍液，或50%烯酰吗啉可湿性粉剂1 000倍液，或10%氰霜唑悬浮剂2 000～2 500倍液喷雾。②在荔枝谢花后10天，可选用68%精甲霜·锰锌水分散粒剂800倍液，或58%甲霜·锰锌可湿性粉剂 600～700 倍液，或 80% 代森锰锌可湿性粉剂 800 倍液，或 68.75% 氟菌·霜霉威悬浮剂 600 倍液喷雾。③在果实开始转色时及采果前 20 天用 1 次药，可选用 68% 精甲霜·锰锌水分散粒剂 800 倍液，或 75% 肟菌·戊唑醇水分散粒剂 2500 倍液，或 70% 丙森锌可湿性粉剂 500 倍液喷雾。

（二）荔枝、龙眼炭疽病

炭疽病是荔枝、龙眼的常见病害之一，在南方荔枝、龙眼产区发生普遍。该病主要在抽梢期、花期、果期危害，造成烂花、烂果，其症状与荔枝霜疫霉病相似，易被误认为是霜疫霉病，从而不能对该病进行有针对性的防治。近年来，荔枝炭疽病有逐年加重发生的趋势，若防治不及时，将给生产带来威胁。

1. 发病症状　该病主要危害叶片，尤其是幼苗、未结果和初结果的幼龄树发病严重，成年树的嫩梢、幼果也可被害。叶片发病时有慢性型症状和急性型症状两种典型症状。慢性型症状的病斑多从叶尖开始，初在叶尖出现黄褐色小病斑，随后向叶基部扩展，病斑变为褐色，病健部界限分明。急性型症状多在未转绿时的嫩叶边缘或叶内开始发病，初期为针头状褐色斑点，后变为黄褐色的椭圆形或不规则的凹陷病斑，最后变成呈黑褐色斑，叶背病部生深黑色小粒点，病斑易破裂。嫩梢受害顶部先开始呈萎蔫状，然后枯心，后期整条嫩梢枯死。花穗感病后，呈水渍状，变褐腐烂，花脱落或花穗变褐干枯。病菌也可侵入花朵，使其变褐，干枯脱落。幼果在直径 10～15 毫米时开始发病，初为黄褐色小点，后变水渍状深褐色斑，病健交界处不明显，后期病斑上产生黑色小点。果实接近成熟时易发病，主要发生于果实基部，病斑圆形、褐色，果肉变味腐烂。潮湿时产生橙色黏质小粒。

2. 发病特点　炭疽病菌以菌丝体和分生孢子在树上和落在地面的病叶、病梢、病果上越冬。翌年当气温在 13～28℃ 时，分生孢子形成初侵染病原。分生孢子通过雨水和气流传播，以雨水传播为主，经伤口、虫孔、气孔侵染叶片、枝梢、果实。高温、高湿和光照不足的环境容易造成该病的大发生流行，所以田间发病时期是4月中旬至6月上旬的梅雨季节。凡是能增加荔枝园湿度的因素均有利于炭疽病的发生。

3. 防治方法

（1）**农业防治** ①剪除荔枝树顶部直立的大枝条，以利于阳光直射到树冠内部主干，同时剪除树冠内过密枝、重叠枝、枯枝和病枝。

（2）**物理防治** 疏果后进行套袋。

（3）**化学防治** ①治虫防病。在春、夏、秋抽梢后，叶片展开但还未转绿时，应重点保护春梢，此期正是荔枝椿象猖獗期，可把杀虫剂与杀菌剂混合在一起喷施。②可在4月中下旬或幼果5～10毫米大时开始进行喷药保果，每隔10天喷1次，连续2～3次。可选杀菌剂：70%甲基硫菌灵可湿性粉剂1 000倍液，或40%多菌灵可湿性粉剂1 000倍液，或250克/千克吡唑醚菌酯乳油、25%嘧菌酯悬浮剂、10%苯醚甲环唑水分散粒剂、60%代森联水分散粒剂、62%代森锰锌可湿性粉剂、50%咪鲜胺锰络合物可湿性粉剂1 000～2 000倍液，或18.7%丙环·嘧菌酯乳油1 500倍液，或58%甲霜·锰锌可湿性粉剂750倍液，或47%春雷·王铜可湿性粉剂600倍液，交换使用进行防治。

（三）荔枝、龙眼鬼帚病

荔枝、龙眼鬼帚病又称丛枝病、麻风病，由病毒引起，是荔枝、龙眼主要的病害之一。树体发病后嫩叶不能伸展，严重抑制龙眼生长产，甚至植株逐渐衰亡，造成大规模减产。随着龙眼种植规模扩大，该病害的数量逐渐增多，危害范围扩大。

1. 发病症状

荔枝、龙眼鬼帚病主要危害嫩梢、嫩叶及花穗。嫩梢叶片受害时，幼叶狭小不能展开，淡绿色，弯曲呈带状。已成长的叶片表面凹凸不平，叶缘发卷，叶尖向下蜷曲，叶脉黄绿色并有不规则的斑驳。发病严重时，果树叶片呈深褐色并发生畸变，畸变叶不断脱落直至枯枝，同时抽生大量带病新梢。这种秃枝节间缩短，侧枝丛生，小枝节间亦缩短，整个枝梢呈丛生形状，像扫帚，故又称扫帚病。花穗受害时，节间短缩或丛生成簇状，花畸变且多密集，畸形膨大且不能结实，偶有结实者，果小、味差，不能食用。

2. 发病特点　荔枝、龙眼鬼帚病由一种线状病毒引起发病，病毒可通过嫁接、种子或虫媒传播。用2年生砧木嫁接病枝，经7～8个月即发病。苗木调运能进行远距离传播。传毒媒介昆虫主要是荔枝椿象若虫和龙眼角颊木虱。每年4～6月份是病梢多发期，也是昆虫传毒盛期。幼龄树、嫁接苗较成年树及实生苗发病重。品种之间抗病性差异大，红核仔、牛仔、大粒、油潭木、赤壳、福眼、蕉眼等品种易感病，信代本、东壁龙眼等则较抗病。

3. 防治方法

（1）**严格检疫**　防止带毒苗木、接穗外运和输入，阻止病害远距离传播。

（2）**农业防治**　①选用抗病品种，培育无病苗木。选用石硖等抗病品种种植。②增施有机肥，增强树势，提高抗病力。③发病轻的树可及早剪除病枝、病穗，以减轻病势和延长结果年限。④发病严重树体则砍伐销毁。田间修剪更换树时，用75%酒精消毒工具后再修剪，防止工具传毒。

（3）**化学防治**　定期进行虫害防治。在荔枝椿象和龙眼角颊木虱出现危害时，可喷90%敌百虫溶液1 000倍液，或5%高效氯氟氰菊酯乳油2 000倍液，或2.5%溴氰菊酯乳油2 000倍液。

（四）荔枝酸腐病

荔枝酸腐病是荔枝果实上常见的一种病害，主要引起果实采后变褐腐烂，属真菌性病害。

1. 发病症状　　该病主要危害成熟期果实。常从蒂部开始发病，病部初期呈褐色，后逐渐变暗褐色，病斑逐渐扩大，外壳呈褐色硬化，潮湿时病部有细粉状白霉，最后全果腐烂。果肉腐烂酸臭，流出酸水。

2. 发病特点　　荔枝酸腐病菌是一种弱寄生菌，病菌在土壤、烂果中越冬，翌年荔枝果实成熟时，分生孢子吸水萌发后经风雨或由昆虫传播到荔枝的果实上，通过伤口侵入果实内引起发病。病果又会产生新的分生孢子进行再侵染，造成采后继续发病。在贮运期中，通过病果与健果接触进行传播。病害的发生程度与荔枝的成熟度、伤口的多少、环境条件等有密切关系。被荔枝椿象、果蛀蒂虫等害虫危害或受到机械损伤的成熟果实容易感染该病。贮运或销售期间高温、高湿条件均有利于病原菌的侵入和病害的发生。

3. 防治方法

（1）农业防治　　①采收、运输时，尽量避免损伤果实和果蒂。②控制果园湿度，冬季清园时清除地下落果，减少病菌来源。

（2）化学防治　　①及时防治树上的荔枝椿象和果蛀蒂虫，荔枝椿象若虫应在 3 龄期之前进行防治。②采收前 10～15 天，果实开始转色近成熟期，可喷施 30% 氧氯化铜悬浮剂 800 倍液，或 70% 甲基硫菌灵可湿性粉剂 +75% 百菌清可湿性粉剂（1∶1）1000 倍液。③果实采收后，立即用 5% 硼酸溶液喷果或用 5% 硼砂溶液洗果，对防治酸腐病有较好的效果。

二、主要虫害

（一）荔枝蒂蛀虫

蒂蛀虫又名蛀蒂虫、爻纹细蛾，在国内荔枝、龙眼种植区普遍发生危害。以幼虫蛀食危害嫩梢、嫩叶、花穗、幼果和成果，形成周年危害。在梢期危害嫩茎、嫩叶，幼虫钻蛀嫩茎近顶端和幼叶中脉，被害嫩梢顶端枯死，被害叶片中脉变褐色，表皮破裂；幼果被害造成落果；成果期被害，果蒂与果核之间充满虫粪，影响产量和品质。

1. 发生规律　1年发生10～11代，周年发生危害，世代重叠严重。以幼虫在荔枝冬梢内或早熟品种花穗近顶轴内越冬。一个世代历期21～24天，其中卵期2～2.5天，幼虫期7～8天。成虫昼伏夜出，白天多静伏于树冠内枝条上，果期产卵在近果蒂部的龟裂片处。幼虫孵化后从卵壳底面直接蛀入果核，无转果习性，直至老熟后才从果内出来化蛹。幼虫自荔枝第二次生理落果后的整个挂果期间均可危害果实，引起大量落果或造成"粪果"。

2. 防治方法

（1）农业防治　冬季清园，减少越冬虫口基数。

（2）物理防治　①疏果后用网袋进行套袋以阻止蒂蛀虫的危害。②捕杀剔除虫包、卷叶、带虫的花穗和幼果。按30～45个/公顷的密度，在树冠内近顶部悬挂专用性诱捕器，10～15天更换1次性诱剂以诱杀蒂蛀虫，同时可以监测田间成虫发生期和发生数量。

（3）化学防治　①虫口密度大的果园，在荔枝秋梢刚刚开始萌动、开始展叶、开始转绿时进行叶面喷药处理，适宜药剂为4.5%高效氯氰菊酯乳油1500倍液，或25%灭幼脲悬浮剂2500倍液，或2.5%溴氰菊酯乳油2000倍＋25%灭幼脲悬浮剂3000倍混合液。②落花后至幼果期，在幼虫初孵至盛孵期喷洒90%敌百虫晶体800倍液。③成虫高峰期可选用5%氟虫脲1000倍液，或2.5%联苯菊酯乳油1500～2000倍液，或4.5%高效氯氟氰菊酯乳油1500～2000倍液。

（二）荔 枝 蝽

荔枝蝽俗称"臭屁虫""金背""尿柜"，是危害荔枝、龙眼的主要害虫，还是传播鬼帚病的媒介。在广东、广西、福建等荔枝、龙眼产区普遍发生。以成虫、若虫刺吸幼芽、嫩梢、花穗、幼果的汁液，被害处变褐色，导致落花落果，严重时可使新梢枯芽。危害造成的伤口有利于霜霉病菌的侵入与发生。

1. 发生规律　该虫 1 年发生 1 代，以成虫在叶背或树洞、石隙等处越冬。当温度在 10℃以下时几乎不活动，此时突然摇树即坠落地上。3 月份气温达到 16℃以上时成虫开始产卵，清明之后卵孵化为若虫，5～7 月份是若虫大量发生期，之后发育为成虫继续危害至越冬。成虫寿命很长，一般为 203～371 天。

2. 防治方法

（1）物理防治　①利用荔枝蝽的假死性，捕杀越冬成虫。②荔枝蝽在 10℃以下活动力差，且又群集于密叶丛中。③可在早晨突然摇树，使成虫坠落，集中捕杀并烧毁。

（2）生物防治　①利用天敌平腹小蜂防治，早春荔枝蝽刚产卵时开始在果园内放蜂，每隔 10 天放 1 次，连放 3 次，使其寄生荔枝蝽卵。②在荔枝蝽若虫、成虫发生期，用 $1×10^8$ 个／毫升白僵菌孢子液对其进行喷雾。

（3）化学防治　3 月份春暖时，越冬成虫活动交尾，抗药性下降，此时可选用 1.5%甲基阿维菌素苯甲酸盐乳油 1 500 倍液，或 4.5%高效氯氟氰菊酯乳油 1 500～2 000 倍液进行喷雾，防治效果良好。

（三）荔枝瘿螨

荔枝瘿螨又名荔枝瘿壁虱、毛蜘蛛、毛毡病、象皮病等。在我国荔枝、龙眼产区都有分布。以成螨、若螨刺吸荔枝、龙眼新梢嫩叶、嫩芽、花穗和幼果汁液，引起被害部位畸变，形成毛瘿。受害嫩梢和叶片呈畸形扭曲，凸肿，背面凹陷，长出茸毛，导致叶片干枯、提前脱落。花器受害，呈灰绿色茸毛状，花萼膨大，花器变褐且干枯。幼果期受害，病部稍隆起，粗糙，由淡红色逐渐变为红褐色，受害部位产生茸毛状分泌物。

1. 发生规律 1 年发生 10 余代，世代重叠严重。以成螨或若螨在毛瘿中越冬。2 月中旬以后，气温在 18～20℃ 以上时开始活动，新梢大量抽发期，瘿螨种群数量上升，危害加重。瘿螨发生受自然环境、栽培因素的影响。一般栽培管理粗放的果园，树势弱，植株生长不良，枝条过密，发病严重；树冠下部及中部受害较重，背阳的新梢比向阳的新梢发病重。荔枝不同品种间对该螨的抗性程度有差异，黑叶、淮枝、广西灵山香荔、糖驳、玉麒麟和丁香等品种受害较重，桂味和糯米糍次之，三月红受害最轻。此螨主要靠风、雨滴飞溅、苗木调运、农具器械和自身爬行等途径蔓延传播。

2. 防治方法

（1）**农业防治** ①加强果园肥水和修剪管理，促进果树生长健壮，减轻瘿螨危害。②采果后结合修剪和冬季清园，剪除瘿螨危害枝叶、过密的荫枝、弱枝和其他病虫枝，使树冠空气流通，光线充足，减少虫源，使其不利瘿螨发生。③调运苗木时，注意剪去瘿螨危害的枝叶，防止瘿螨传入新果园。

（2）**生物防治** 注意保护果园瓢虫、捕食螨等天敌资源。

（3）**化学防治** ①发生严重的地区，应在早春开花期间巡视花穗，发现病穗时全树均匀喷洒 0.2 波美度石硫合剂。②及时除螨，可试用 30% 虫螨·丁醚脲乳油 1 500 倍液，或 12.5% 噻螨·哒螨灵乳油 1 000～2 000 倍液，或 10% 四螨·哒螨灵悬浮剂 1 500～2 500 倍液。

（四）白蛾蜡蝉

白蛾蜡蝉又名白翅蜡蝉、紫络蛾蜡蝉，俗名白鸡。其食性很杂，主要危害龙眼、芒果、黄皮、葡萄、荔枝、柑橘、木菠萝、番石榴、人面果、人心果、无花果、扁桃等果树和庭院花卉。以成虫、若虫群聚于果柄和果实刺吸危害，将蜡粉敷在果梗或果实上，致使落果或果实变小，果肉带有腥臭味。危害嫩叶、花穗和枝梢，导致枝梢枯萎或幼芽新梢畸形扭曲，生长受阻。虫体排泄的蜜露会引发煤污病，影响叶片光合作用。

1. 发生规律 白蛾蜡蝉在广西南宁、桂西南地区和福建南部1年发生2代。主要以成虫在寄主茂密的枝叶间越冬。翌年2～3月份天气转暖时开始活动，取食交尾，产卵于嫩梢和叶柄组织中，每卵块有卵10～30粒。产卵处稍微隆起，表面呈枯褐色。第一代成虫产卵盛期在3月下旬至4月中旬，若虫期在4～5月份；第二代成虫产卵盛期在7月中旬至8月中旬，若虫期在8～9月份，危害至11月份。成虫有群集性，成虫栖息时，在树枝上往往排列成整齐的"一"字形。若虫善跳，受惊动时便迅速弹跳逃逸。在阴雨连绵或雨量较大的夏、秋季节，生长茂密和通风透光差的龙眼园发生虫比较多。

2. 防治方法

（1）**农业防治** ①结合修剪，剪除过密枝和虫枝，以利通风透光和降低湿度，减轻危害。②在若虫期，可用竹扫帚把若虫扫落，进行捕杀。③病虫发生初期，及时剔除虫体或剪除多虫枝叶，集中销毁。④控制冬梢抽生，中断越冬害虫的食料来源，降低虫口基数。

（2）**物理防治** 6月上中旬，果实定型后进行人工套袋，减轻害虫对果实的危害。

（3）**生物防治** 白蛾蜡蝉的自然天敌有很多种，主要有瓢虫、寄生蜂、草蛉、螳螂等，应注意保护和利用，尽量不使用对天敌毒性大的农药。利用果园饲养山鸡，人工刷除若虫落地，让鸡啄食。

（4）**化学防治** 于成虫产卵前或若虫发生期，树上均匀喷洒2.5%溴氰菊酯乳油2000倍液，或10%吡虫啉可湿性粉剂4000倍液，或25%噻虫嗪水分散粒剂5000倍液，或25克/升高效氯氟氰菊酯水乳剂2000倍液。

（五）龙眼角颊木虱

龙眼角颊木虱又名龙眼木虱，是病毒性龙眼鬼帚病的传毒虫媒。该虫在我国龙眼主产区均有发生。其成虫吸食龙眼嫩梢、芽、嫩叶和花穗汁液，若虫于嫩叶背面固定吸食，受害部位叶背凹陷，叶面呈一个个小钉状突起，形成"伪虫瘿"。危害严重时，叶片皱缩畸形、变黄，提早脱落，影响新梢抽发和叶片正常生长，树势生长衰退，从而影响产量和果实品质。另外，该虫在刺吸危害的同时，还传播龙眼鬼帚病，损失更大。

1. 发生规律　龙眼角颊木虱在广东 1 年发生 7 代，以 3～4 龄若虫在"钉状"孔穴内滞育越冬。翌年 2 月中旬，越冬若虫继续发育为老熟若虫，然后羽化为成虫。3 月上中旬，为成虫羽化盛期，雌、雄成虫常并排成对栖息于枝或叶片上，交尾后产卵于嫩梢上。成虫和卵在 1 年中有 5 个高峰期，分别是龙眼的 5 次嫩梢期，也是龙眼角颊木虱危害的 5 个关键时期。初孵若虫吸食叶肉汁液，数天后叶面上突，叶背凹入，出现"钉状"突起。若虫终生在"钉状"的孔穴内发育，直至羽化前才爬出孔洞，移动一段时间后才羽化为成虫。

龙眼品种中的广眼、青壳石硖等品种受此木虱危害重，而储良、大乌圆、黄壳石硖受危害相对较轻。

2. 防治方法

（1）**农业防治**　结合采后修剪，剪去越冬虫叶，集中起来深埋或烧毁，减少越冬虫源。

（2）**生物防治**　该虫的主要天敌有寄生蜂、粉蛉、中华微刺盲蝽等，在天敌活动期尽量少用化学杀虫剂。

（3）**化学防治**　利用该虫越冬后第一代虫发生较整齐的特点，在若虫孵化盛期，及时选用安全、高效的农药喷施。在每次嫩梢抽期期注意观察害虫发生情况，以便及时喷药保梢。药剂可选用 1.8% 阿维菌素乳油 4 000 倍液，或 10% 烟碱乳油 4 000 倍液，

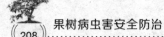

或 20% 吡虫啉乳油 3 000～5 000 倍液，或 5% 啶虫脒乳油 1500 倍液，或 25% 噻嗪酮可湿性粉剂 1 000 倍液，每次梢期喷药 1～2 次，可兼治白蛾蜡蝉、荔枝蝽等害虫。注意轮换用药，避免龙眼角颊木虱产生抗药性。